EVERYDAY CHAOS

混沌的世界

（英）布莱恩·克莱格（Brian Clegg） 著
魏红祥 王霆 译

化学工业出版社
·北京·

北京市版权局著作权合同登记号：01-2022-3252

图书在版编目（CIP）数据

混沌的世界/（英）布莱恩·克莱格（Brian Clegg）著；魏红祥，王霆译. —北京：化学工业出版社，2024.4

书名原文：Everyday Chaos

ISBN 978-7-122-45032-6

Ⅰ.①混… Ⅱ.①布…②魏…③王… Ⅲ.①混沌-普及读物 Ⅳ.①O415.5-49

中国国家版本馆CIP数据核字(2024)第039448号

责任编辑：郑叶琳　　文字编辑：张焕强
责任校对：宋　夏　　装帧设计：溢思视觉设计／姚艺

出版发行：化学工业出版社
（北京市东城区青年湖南街13号　邮政编码100011）
印　　装：盛大（天津）印刷有限公司
710mm×1000mm　1/16　印张$11^{3}/_{4}$　字数142千字
2024年4月北京第1版第1次印刷

购书咨询：010-64518888　　售后服务：010-64518899
网　　址：http://www.cip.com.cn
凡购买本书，如有缺损质量问题，本社销售中心负责调换。

定　　价：89.00元　

前言

科学家们有一种倾向，他们倾向于给世界范围内被广泛使用的词汇赋予特定的含义。例如，在日常用语中倾向于把power（力量）和energy（能量）几乎当作同义词使用。但前者在物理学中名为功率，指的是能量从一个地方传递到另一个地方的速率。类似地，混沌（chaos）和复杂性（complexity）将是本书的核心，日常中它们是广泛使用的一般描述性词语，但在数学中它们却暗示着特定的特征。

在日常使用中，当我们说到混沌时，我们想到的是一团糟、缺乏秩序、随机性。chaos这个英语单词来源于拉丁语，取自一些人认为的希腊原始神的名字，它代表了无形的物质。这个词在希腊语中也有裂缝的意思——无论哪种情况，它一般都代表着有序结构的缺乏。混沌散布混乱，同时也代表摧毁的力量。这通常不是好的一面；但在数学中，混沌又作为一个极其有趣的概念，用来描述大量发生在我们身边的日常现象。它首先应用于动物种群增长和天气，数学意义上的混沌是由相互作用的事物的集合来代表的，集合中的事物最开始的微小变化会对事情最终的发展产生巨大影响。

如果混沌意味着由有序起点演化至无序结果的不可预测性，那么数学概念中的复杂性则是另一种含义（即使混沌系统可以是复杂的）。在复杂的系统中，一些原本简单的组成部分在相互作用下会产生一些原本不可能出现的复杂结果。复杂性其实是“整体大于部分之和”的结果。

在平时的使用中，复杂性通常指某物由大量部分组成或事物的形式错综复杂。但数学中的复杂性可以从一个相对较小的系统中衍生出来，就像其可以从复杂系统中产生一样。因此，要想在数学上变得复杂，一个系统并不一定要复杂。

复杂系统的一个重要标志就是突生。这是由于大量组成部分混合聚集而产生的复杂性。突生指的是在没有任何引导力辅助塑造的情况下，复杂系统中会自发地衍生出新功能。例如，你本人，从微观来看，可以说是一个由单个原子构成的复杂系统，单个原子是死的，而你是活的。如果我们退一步来看，你体内的细胞虽然是活的，但它们肯定没有办法思考、感受或执行你身体所做的动作。这些能力就是从你的复杂性中产生的。

也许关于混沌和复杂性最值得注意的就是它们无时无刻不在我们身边。它们存在于所有的生物、天气之中，也存在于我们与之互动的大多数现实世界物体中。它们存在于许多创作的产物中，从证券交易所到书店。然而，我们在学校中从未被教过关于混沌和复杂性的知识。甚至连科学家们都没有对它进行整体性研究，反之，科学家们的研究通常专注于小细节，但所得到的结论通常不具备整体适用性。

大部分科学都符合简化论——将一个复杂的东西分解为组成部分并理解这些单一组成部分是如何工作的，然后通过将这些组成部分重新组合、构筑从而试着去理解整体。例如，真实世界的化学反应就是混沌的。往水中加入过浓硫酸的人都知道，其结果在很大程度上取决于开始时你是如何注入的。但当我们学习化学时，我们总是把东西分解到原子尺度，而且只考虑它们是如何相互作用的。

混沌和复杂性的孪生理论给了我们更好理解现实世界的机会，而不是现有大多数科学所假设的“玩具”世界。真实的世界其实远比我们在学校学到的很多科学知识所描述的更复杂、更混乱、更有趣。在这本书中，我们即将潜入混沌世界，探索真相。

欢迎来到混沌世界。

将来会怎样

在过去的2500年里，通过数学手段，我们发展出一种越来越科学的观

理清混沌

16世纪雕刻家亨德里克·戈尔齐乌斯为奥维德的一世纪史诗《变形记》所作的插图

点。在某些情况下，这种方法被证明非常有效。然而现实世界却常常通过事实否定人们基于科学预测未来的尝试。

直到20世纪下半叶，我们才意识到发生了什么。系统组成部分的相互作用会产生意想不到的结果，从表面上简单的关节摆到极其精密的天气系统都是这样。同时，简单个体的集合也可以实现一些非凡的壮举，例如单只蚂蚁几乎不能做任何有用的事，但通过共同努力，它们可以用身体搭桥、缝合叶子、搬运重物。

为了了解混沌和复杂性被理解的过程，我们首先要做一次时间旅行，回到一个似乎基于数学推演，未来完全在我们掌握之中的时间节点。多亏了艾萨克·牛顿的工作，使得他的继任者们相信，很快就有可能与宇宙相抗衡并取得胜利。

欧椋鸟集群

鸟类在飞行中的相互作用产生了复杂的、不断变化的形状

第一章　机械宇宙观和混沌

第二章　牛顿的复杂运动和失控反馈

第三章　天气忧虑和混沌蝴蝶效应

第四章　奇异吸引子与测不准的长度

目录

第五章　证券市场的崩塌

第六章　驾驭混沌

第七章　复杂性和突生

第一章

机械宇宙观和混沌

牛顿、拉普拉斯和神奇的机械宇宙观

如果存在一个智慧生命可以知晓任何时刻的所有驱动自然界的力以及所有构成自然界的部分的相对位置，并且能够对如此大量的数据进行分析，那么无论是宇宙中最大物体的运动还是最轻原子的运动都可以被提炼成一个通用公式；对于这样的智慧生命来说没有什么是不确定的，未来就会像过去一样呈现在眼前。

——皮埃尔-西蒙·拉普拉斯（1749—1827）

时间的流动性

在我们这个时代，科技是如此广泛地充斥于日常生活的每一部分，以至于让大家很容易忘记机械钟表是多么具有变革性的科技。在钟表诞生之前，时间是一种近似的东西，只有大概范围的参考点。利用每个人都能看到的太阳在天空中明显的运动，或夜晚天际的变化来判断时间（除非乌云密布）。更进一步可以通过日晷、水钟（液体从小孔中滴出）乃至蜡烛燃烧的过程来计量时间。但这一系列所谓的对时间的精确感都并不真实。这从某些经久不衰的表述中可以很明显看到，比如“时间之沙”指的是沙漏，或者类似黎明、中午和傍晚这些利用太阳在天空中的位置来大致判断时间的术语。

现今我们的生活与科技是如此紧密地联系在一起，以至于有时准确知道时间似乎是一种负担，比如截止日期会带来持续压力，但是当机械钟表首次被发明出来的时候，它却是一件极其美妙又令人大开眼界的物件。这代表的不仅仅是一种随时知道准确时间的能力（比如使人们能够在特定的时间与他人见面，而不是等待一两个小时），这对宗教的日常观察和科学的发展更是必要的。更为重要的是，这个突破使得人们有了一种测量时间变化的技术，这项技术是人们开始了解宇宙运作规律的一个重要支撑。物理学在运动学方面的重大突破出现在欧洲的时期与相对精确的机械钟表在欧洲大范围普及的时期高度重合，这绝不是一个巧合。

最早的机械钟似乎14世纪在欧洲就已经发明出来了。说实话现在很难确定究竟哪个是第一个，但无疑13世纪20年代由沃林福德的理查德建造的位于英格兰圣奥尔班修道院的塔钟是最古老的机械钟之一。遗憾的是，它在宗教改革中被毁坏了。在索尔兹伯里大教堂中还有另一个早期英国钟，它建于1386年左右，并且至今仍在运行。就像那个时代的许多时钟一样，它没有表盘——教堂中的钟仅仅是为了让它在整点敲钟来保证一天中特定时间的宗教仪式能够按时举行。

以现在的标准来衡量，这些早期时钟里用来测量单位时间的机械装置（擒纵机构）并不精准。一直到1656年荷兰科学家克里斯蒂安·惠更斯发明了一种由钟摆提供有规律节拍的钟，相对精确的时间测量才成为可能。惠更斯与艾萨克·牛顿爵士是同时代的人，他也是推动物理学向更数学化方向发展的人之一。

17世纪初，当伽利略·伽利雷需要测量物体的运动时间时，他不得不依靠不精确的相对测量方法，比如他自己的脉搏。但对于牛顿来说，数学在解释宇宙规则中发挥着重要作用，为此他需要惠更斯钟及其后继者所能提供的精确度。机械时钟不仅提供了用来测量运动的节拍，它同时也为理解宇宙规则提供了支撑。

牛顿先生的遗产

从古希腊人第一次研究夜空以来，宇宙曾一度被视为一种类机械结构，但这个结构不是齿轮组成的机器，而是承载着行星和恒星的水晶球。我们知道希腊人建造了一个齿轮模型（大概不是唯一的一个模型），该模型就是能够反映一些天体运动的安提基特拉（Antikythera）装置。这个装置是一个在约公元前100年制造的天文计算器。它于1901年在希腊海岸的一艘沉船中被发现。

更引人注目的是天文钟，其中一个例子就是1410年在捷克共和国布拉格制造的无比壮观的天文钟Orloj。它通常由发条装置驱动，以类似于钟表的形式向人们模拟了宇宙，而被称为太阳分仪的小型装置提供了宇宙的日心模型（也就是我们现在所说的太阳系），同时它还显示了行星和卫星的位置和轨道。

这些都是常见的“物理”模型。但随着艾萨克·牛顿的工作，一种新的宇宙模型走进了自然哲学家（早期对科学家的称呼）的视野之中，它就是数学模型。牛顿不是

布拉格天文钟

拉普拉斯对宇宙的数学观点很可能受到天文钟机械精度的影响，图中展示的就是1410年布拉格老市政厅的天文钟Orloj

布拉格天文钟（局部）

表盘显示太阳和月亮的路径、月亮的相位等信息

第一个描述运动物理学的人，比如伽利略就对球在重力影响下加速滑下斜坡的机理进行过研究。然而牛顿却是将最初的描述性科学转变为运用数学来预知未来的人。

牛顿在他的杰作《自然哲学的数学原理》(*Philosophiae Naturalis Principia Mathematica*）一书（该书通常被简称为《原理》）中，使用数学工具描述了两个物体（例如地球和月球）之间的引力关系如何保证它们在特定轨道上运动，或像著名的牛顿的苹果那样坠落到地球上。他还提出了三条运动定律，解释了物体运动的方式以及作用力如何让它们加速和相互作用。

为了实现这一壮举，牛顿创造了一种新型的数学运算法则，他称之为“流数法”（method of fluxions），而现今我们一般更常用的名称是由他的竞争对手德国博学家戈特弗里德·莱布尼茨命名的，它就是如雷贯耳的微积分。有了牛顿创造的新数学工具，他的继任者们已经做好了将其应用到整个宇宙的探索之中的准备，其中他最热情的欧洲支持者，法国自然哲学家皮埃尔-西蒙·拉普拉斯尤其如此。

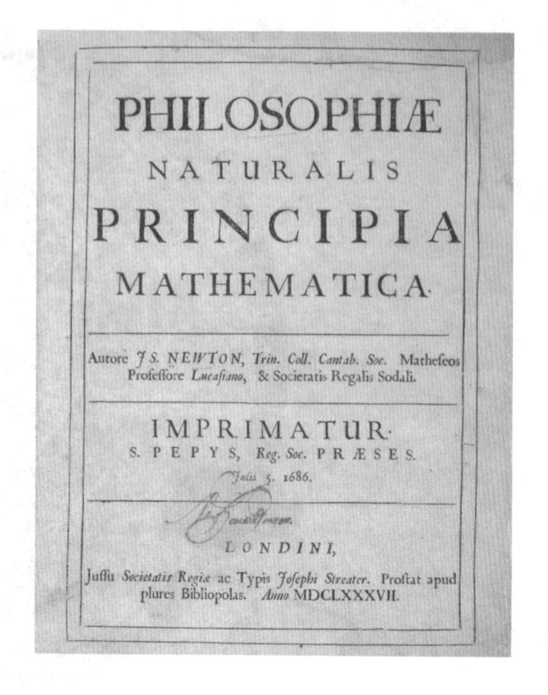
PHILOSOPHIÆ
NATURALIS
PRINCIPIA
MATHEMATICA.

Autore JS. NEWTON, *Trin. Coll. Cantab. Soc.* Matheſeos Profeſſore *Lucaſiano*, & Societatis Regalis Sodali.

IMPRIMATUR.
S. PEPYS, *Reg. Soc.* PRÆSES.
Julii 5. 1686.

LONDINI,

Juſſu *Societatis Regiæ* ac Typis *Joſephi Streater*. Proſtat apud plures Bibliopolas. *Anno* MDCLXXXVII.

牛顿的《原理》

1687年出版的艾萨克·牛顿的杰作《自然哲学的数学原理》第一版的书名页（该书本应在1686年出版，但因预算问题延后）

不需要这个假设

牛顿在他的万有引力研究中，主要关注的是太阳系的天体运动；而拉普拉斯则有一个更宏伟的愿景。拉普拉斯1749年出生于一个贵族家庭，并且在小时候便显现出了在数学方面的天赋，而这个天赋随着他将数学应用到宇宙探索和物理及工程领域的许多问题之中而得以绽放。不过，在我们看来，拉普拉斯最大的贡献是建立了决定论的概念。

拉普拉斯对现实的数学描述达到了极致。他设想了一个机械宇宙，在这个宇宙中，所有发生的一切都由前一刻发生的事情所决定，而这个过程完全按牛顿定律机械地进行。为了说明这样一个愿景的含义，拉普拉斯虚构了他的“恶魔”。他在1814年对这个虚构“恶魔”的称呼是“一个智慧生命”，正如本章开头引用的那样。

根据拉普拉斯的观点，如果有人能够知道在某个时间点宇宙状态的全部细节，那么基于牛顿和拉普拉斯数学方法的确定性，我们就能完美地预测下一时刻会发生什么。换句话说，基于这样的想法，宇宙中的任何事件都是命中注定的，而且直到永远。

作为人类，我们总是想预知未来。古代文明有他们的神谕和占卜，二者作为神秘而神奇的手段让他们一窥即将发生的事情。直到中世纪晚期，占星术被认为是科学武器库里被人们所接受的一部分，尤其是它假设行星的运动对地球上发生的事有影响这一方面；因此无论国王还是平民都经常利用占星术来进行占卜。基于伽利略的观察，牛顿推翻了神秘主义，他能够利用数学做出与神谕和占星家不同的准确预测，并且这种预测反复被验证是准确的。

牛顿的数学不仅描述了我们周围的事物如何运动，它还将地球上我们熟悉的物体运动与显然更宏大且完全独立的天空中星体的运动联系到了一起。例如，他展示了如何通过两个物体的质量和它们之间的距离等简单因素来预测月球绕行地球的轨迹。其支持者更是将其推进一步。牛顿的朋友和支持者埃德蒙·哈雷（正是哈雷确保了《原理》的出版）用牛顿的数学方法精确预测了一颗彗星的飞回——这颗彗星现在被称为哈雷彗星。可惜他不能活着看到彗星的飞回，但哈雷的预测是正确的，彗星确实按时飞回了。

拉普拉斯更进一步。在他看来，如果能够完美了解宇宙中事

占星术黄道带

14世纪西班牙黄道带星座图，描述太阳进入每个星座的时间

物在某个特定时间点的全部信息，那么在接下来任意时刻的状态都应该可以通过运行宇宙的数学模型来推断得出。那是像机械一样的宇宙，运行在永恒不变的轨道上。然而，令许多人难以置信的是：“现实怎么会离数学的理想世界如此遥远”？

随机性是可预测的

如果那样的话，我宁愿做一个补鞋匠，甚至是赌场的雇员，而不是一个物理学家。

——阿尔伯特·爱因斯坦（1879—1955）

现实中的随机性

按照拉普拉斯的设想，一切事物的状态都与其之前的状态相关，时刻保持着明确的因果关系。这就是决定论描述的宇宙，意味着现在发生的一切是明确且自然地由事件发生前的那一刻的状态所决定的。然而，随机性对拉普拉斯的宇宙观提出了挑战。

阿尔伯特·爱因斯坦

尽管爱因斯坦是量子物理学的创始人之一，但他不愿意接受该理论的核心——随机性

人们对于事情没有因果关系而随机发生是难以理解的。人们通过样板来了解周围的世界，所以对于没有指导原则、没有理由就发生的事情是非常难以接受的。这种对样板的依赖在识别捕食者或者危险情况方面是极其有利于生存的。但这也意味着当我们找不到样板的时候会以为撞上了妖魔鬼怪。例如，一切的灾难必须都被归咎于神的旨意、命运使然，或是魔法力量的恶意干预。

事实上，自古以来人们就意识到一些事件或者结果是随机的，比如抛硬币或掷骰子，这也正是为什么它们被称为是一种运气游戏。但现实世界中，我们通常不愿意接受这样的随机性，这也解释了为什么我们很容易被这种随机性过程所吸引，不管是在赌场里还是一些有随机性参与的事件中，我们总是期待在“转运”后命运真的能就此改变。

随着数学的飞速发展，从定义上来说虽然单个随机性事件的具体结果仍是无法预测的，但多个随机性事件的整体表现趋势却是可以预测的。例如，我们不能说当我们掷出一个质地均匀的骰子时，朝上的会是什么数；它可以是从1到6的任何数字。但我们知道每一个数字出现的可能性应该在六分之一左右。所以经过大量投掷之后，我们期望骰子每一个面朝上的次数大致相同。我们无法预测具体的结果，但可以预测长期行为，事件重复得越多，预测就越准确。

量子混乱

20世纪初，随着量子理论的发展，人们逐渐认识到了随机性对科学的重要性。在关于一些非常小的物体如原子、电子和光子的物理中，量子理论表明这些粒子的许多行为完全取决于概率。关于这些粒子的每个事件的结果都是完全不可预测的，但随着时间的推移，整个事件集合的结果却是完全可预测的。

光子

尽管长期以来人们一直认为光是一种波，但量子理论清楚地表明，光具有与粒子流相符的性质，而这种光的粒子被称为光子。

这种随机性导致了量子理论创始人之一的阿尔伯特·爱因斯坦对其产生了严重的怀疑；他花了几十年的时间来寻找他永远无法发现的量子理论的缺陷。我们来看一个简单的例子，玻璃窗上光的反射。当光线照射到玻璃上时，大部分光线直接穿过玻璃，但也有一些会被反射回去。这种情况一直都在发生，但当玻璃的一侧比另一侧更亮的时候，现象就变得不太一样了。比如，当你晚上在一个明亮的房间里时，你试图看向窗外，但看到的却是你所在房间的清晰影像，而不是外面的世界。

虽然你看到反射回来的房间影像，但这并不是因为房间里的光不再穿过玻璃，事实上大部分光仍然会穿过去，而你看到的其实只是反射回来的小部分光。（其实这种情况无时无刻不在发生，只是白天的时候它会被外面进入的更强的光所遮蔽。）当我们考虑单个光子，即构成从房间射出的光的粒子时，概率就开始发挥作用了。当光子到达玻璃时，会有95%的概率直接穿过，剩下5%的概率则是被反射回来。但我们永远无法预测其中某个特定的光子是会穿过玻璃还是被反射回来。

爱因斯坦认为必然存在“隐藏变量”，即一些光子可以得到但我们不能得到的信息，从而使得光子“知道”在到达玻璃时该做什么。这就是为什么他发表了许多对量子理论表示怀疑的言论，其中就包括他写给另一位物理学家马克斯·玻恩的信中提到的宁愿自己是个补鞋匠的言论（在本节开始处的引用）。当然现在有确凿的证据证明事实并非如爱因斯坦所言，光子既有反射的可能，也有通过的可能，直到结果出现之前，两种结果对应的先前的过程并没有任何区别。换句话说，这个过程完全是随机的。

概率的威力

机会总是留给有准备的人。

——路易斯·帕斯特（1822—1895）

什么是机会?

依赖于概率决定结果的游戏可以追溯到古代。虽然没有记录是谁最先发现双面硬币可以在空中旋转，并产生一个正、反面之间概率近似相等的随机选择的结果，但可以肯定的是掷硬币这个概率游戏被用于随机选择、算命或者机会游戏已有至少数千年的历史。

骰子或它早期的等价物也有很长的历史。考古学家发现了距骨（一种特定形状的关节骨，作为粗制骰子使用），至少可以追溯到5 000年前，而类似西洋双陆棋的“Tables”游戏则是已知的最古老的棋盘游戏之一。在很长的时间里，优秀的玩家可能会本能地感觉到概率是如何影响游戏的，但概率规则直到16世纪才由一位意大利医生吉罗拉莫·卡尔达诺量化提出并撰写了一本相关的书籍。顺带一提，他本人正是一个狂热的赌徒。

尽管卡尔达诺在20多岁就已经写下《机会性游戏书册》（*Liber de Ludo Aleae*）一书，并且一生都在尽力完善它，但该书直到1663年才出版，因为它的主题被认为不适合上流社会，这时几乎已经是卡尔达诺第一次写下这本书后的一个世纪了。

概率是一个我们比较难以理解的概念。卡尔达诺的伟大贡献就是把概率变成更容易处理的分数，并且这也更容易理解。假设你抛一枚质地均匀的硬币100次，你会期望得到大约50次正面朝上，50次反面朝上。卡尔达诺意识到你可以将正面朝上的概率表示为1/2，反面朝上的概率也表示为1/2。概率的数值越大表示概率越高，1表示确定会发生的事情，0则表

双陆棋玩家

佛兰德艺术家特奥多尔·隆鲍茨1634年的作品，生动地展现了双陆棋游戏

示永远不会发生的事情。由于抛硬币（忽略硬币竖直立在桌面的情况）的结果要么是正面朝上，要么是反面朝上，所以得到正面或反面的概率是1/2+1/2=1。

与之相似，对于我们所熟悉的六面骰子，得到任何特定的数字的概率都是1/6。一旦赌博专家采用数学方法来研究概率，他们就开始研究怎样组合不同结果来获取给定组合出现的概率。比如，如果你想知道骰子得到5或6的可能性，只需要简单地将二者概率相加，得到1/6+1/6=1/3。

卡尔达诺还处理了明显更为棘手的复合概率问题。举一个常见的例子，我们知道一个骰子得到6的概率是1/6，那么用两个骰子得到双6的概率是多大？卡尔达诺证明这是一个简单的乘法问题：1/6×1/6=1/36。但两个骰子得到至少一个6的概率是多大呢？显然这比只用一个骰子得到6的概率要大，但却不可能是1/6概率的2倍，否则掷6个骰子就能保证得到6，而我们都知道事实并非如此。对此卡尔达诺进行了一些反向思考。第一个骰子得不到6的概率是5/6，而第二个骰子不是6的概率也是5/6，所以两个骰子都不是6的概率为5/6×5/6=25/36。所有组合的总概率必须是1，这意味着两个骰子中至少有一个6的概率为11/36。

概率分布的作用

我们把注意力转向随机性和概率，一般来说各种结果并不会像事先知道各种结果的概率那么简单明了（就好像抛硬币中的硬币不只是双面的了）。

利用卡尔达诺法则的数学方法，想要在现实世界中掌握随机性和概率有一个基本的要求：了解概率分布，也就是了解可能的结果是如何分布的，例如有些结果是否比其他结果更有可能出现。

如果我们看抛硬币可能性的分布，实际上我们得到的是一个有两种可能结果的柱状图。我们可以通过反复掷硬币并记下我们得到了多少次正面和反面，从而获得近似表示结果概率的柱状图。一开始，其中一种可能明显多于另一种，但随着掷硬币的次数越来越多，其正、反面结果的数据会越来越接近预期分布。

同样地，我们可以得到投掷六面骰子的概率分布，而且我们一样可以在不知道实际值的情况下通过反复掷骰子构建这个分布。如果我们看看同时掷两个骰子并将二者结果相加产生的值的分布，那么事情就变得更有趣了。相加的结果从2到12不等，但并不是所有结果出现的可能性都一样。这个分布不仅很有趣，还可以告诉我们一些信息，比如掷一对骰子，二者之和最有可能是7。

掷100次硬币实验的分布

随着掷硬币的次数越来越多，正面与反面的分布将接近50 ∶ 50

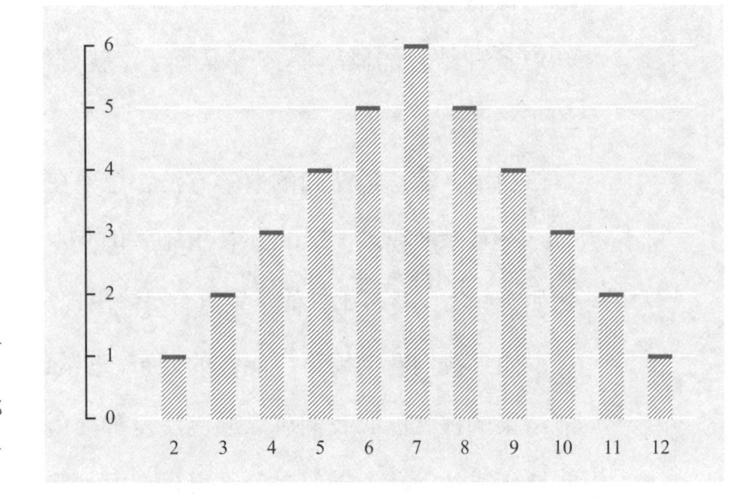

掷两个骰子数字之和的数量分布

并非所有掷两个骰子的结果都具有相同的可能性：分布图显示相对概率

在我们周围的世界里，有些事物是随机变化的，我们经常发现分布的形式满足“正态分布”，而由于其形状与钟相似，有时也被称为钟形曲线。举个例子，如果你画出很多人身高的分布图，你会发现男性和女性的身高都接近正态分布。

正态分布

正态分布也被称为高斯分布，在最有可能的结果的两侧分布是对称的，而且有长且弱的“尾巴”，用以表示不太可能出现的结果。

当然，任何特定的个体都只有一个特定的身高，但是这个概率分布让我们能够预测最可能出现的身高，以及男性或女性的身高在最可能身高两侧的一定范围内的可能性有多大。正态分布有一个称为“标准差”的量，它描述了分布的形状，使我们能够预测样本在特定的范围内的个体百分比。

如果我们能够理解涉及的概率和分布，就有可能针对研究对象建立数学模型。这并不能告诉你未来会发生什么，就像知道抛硬币有50%的概率正面朝上也并不能告诉你抛硬币的准确结果一样。但这个模型能让我们模拟现实，对可能发生的事情产生一种直观感觉，尤其当我们着眼于一个特别简单且受控的子集。这种预测不仅适用于概率游戏，而且对所有事物都适用，包括从预测人的身高分布到放射性粒子衰变的概率分布。因此，我们似乎已经能够很好地掌控涉及随机性的未来，直到混沌的出现彻底打破了这一局面。

火鸡的日记

我们都相信太阳明天会升起。为什么呢？这种信念仅仅是盲目基于经验而来吗？还是可以被证实是合理的呢？

——伯特兰·罗素（1872—1970）

随机性是可预测的

我们开始意识到，我们对周围世界的理解都是基于固定模式的。这是我们应对每天都在变化的环境的方法，也是科学的基础。举个小例子，我买了一瓶橙汁，它是我生活中出现的新事物。虽然我从来没有见过这个特定的瓶子，但我仍然知道怎么打开它，因为它符合我脑海里的“带螺旋盖的瓶子”的固定模式。所以我逆时针拧开盖子，喝到果汁。

想象一下我买了一瓶新颖的不用螺旋瓶盖的果汁，它是用软木塞紧紧密封的。我如果仍然逆时针扭转瓶子顶部，瓶子永远也不会打开。幸运的是，我有另一种模式来处理这种带有瓶塞的瓶子（并且我手边凑巧有一个开瓶器），所以我还是可以打开这个瓶子的。

我们的科学观点主要是以归纳法为基础建立的。我们观察之前发生的事情，并假设在相同情况下同样的事情还会再次发生。这就像我们如何得出太阳每天早上会升起的结论，或是抛硬币的结果有一半正面朝上、一半反面朝上的结论。即使是随机性事件也有类似这种程度的可预测性。

我们需要注意的是归纳法不同于演绎法，演绎法在现实世界（或科学领域）很少有效，但它使我们能用逻辑得出结论。例如，如果我知道“所有的狗都有四条腿”，而我面前有一只动物只有三条腿，我可以推断出这只动物不是狗。但在现实世界中演绎法有一个问题，那就是虽然我们可以确切地观察一只动物腿的数量，但演绎过程完全依赖于前提陈述“所有的狗都有四条腿”的确切程度。

逻辑

关于推理即从一系列事实或陈述的组合中得出结论的系统性研究。

为了确认这个前提，我需要检查所有的狗，而这在现实世界中根本不可能发生。所以，我必须用一些归纳来支持我的推论。也许因为我见过的每只狗都有四条腿，所以我猜它们都有四条腿。但当然，实际上三条腿的狗是存在的。演绎的好坏取决于前提假设的准确程度，而只要这是基于归纳得到的，我们就只能说这是我们目前最好的理论。这就是科学通常的工作方式。

当然会有例外情况出现。但如果我有机会验证我的前提陈述，那么推论就会是可靠的。就好像如果我有一盒按钮，我可以检查每一个按钮，并且能得出一些结论，例如“这个盒子里的所有按钮都是蓝色的”。那如果此时给我一个红色按钮，我可以肯定地推断这个按钮不是从我的盒子里拿出来的。但现实生活中的事件一般不像按钮盒这样简单。

思维定式会让我们措手不及

英国哲学家伯特兰·罗素以其评论“太阳每天早晨都会升起”而闻名。他还观察了农场家禽的经历，有时会将这种经历换一种角度重塑为火鸡日记。想象一只火鸡写了一本日记，日记上面记录了它过得多好的每一天。如果我们把每一天的评分绘制成一幅图，它很可能会提供给我们一个很好的分布。而且从数学角度来说，我们也许可以基于这个分布来预测未来。然而在感恩节前几天，从火鸡的角度来看，某一天它的生活将会严重偏离（偏往坏的方向），因为它将成为别人餐桌上的食物。

火鸡的日记

直到感恩节之前，火鸡都可以基于逻辑推断每一天都与前一天非常相似

如果不了解具体情况，火鸡这“糟糕的一天”完全是一个随机事件——而且毫无疑问的是，如果没有背景信息，它将完全是不可预测的。然而，我们人类很难接受我们对世界的理解可能存在偏差这一事实。在火鸡的世界观里，基于它以前的经验，被捆绑和烘烤是一种不可能的结果，但这种情况还是发生了。同样，当意想不到的事情发生时，我们常常试着

在我们目前的理解范围内给出一个解释，但很有可能这一突如其来的、无法预测的事件超出了我们现有的理解范围，我们无法在不改变我们世界观的前提下予以解释。

实际上，发生在火鸡以及我们身上的突发事件看起来如此意外，正是因为我们用了错误的思维模式来理解这个世界。这种错误思维模式的其中一种表现方式就是迷信。如果我们看到一个明显的模式能将发生的两个事件联系起来，我们就假设其存在因果关系。譬如与镜子、梯子或黑猫相关的迷信观点（坏事即将来临的征兆）几乎是使用归纳法的必然结果，因为很难区分二者是真正的因果关系，还是仅仅在空间或时间上恰好重合。

就像火鸡一样，我们通常对正在发生的事情有着极为有限的理解。于是我们很容易将过去在其他事件中成功的思维模式运用在一些与之不适配的情况中。有可能有些东西就是完全随机的，但我们还是期望其存在一种与之相匹配的模式。如果我抛硬币时连续得到9次正面朝上，我很难不去期待下一次掷的结果更可能是反面朝上，因为在我的大脑里有一个固定的思维模式告诉我掷硬币的结果应该是一半正面朝上，一半反面朝上。但事实上，硬币没有记忆，它不知道之前发生了什么，所以得到正面或反面的概率还是各50%。

体育运动的记录也是如此。当一个球队运气极好或一些选手被描述为“手感爆棚”时，我们其实正在应用一种思维模式将一些完全随机的事件用某种潜在的因果关系相关联，而这种模式肯定不会对未来发生的事情产生影响。

预测下一步将会发生什么完全依赖于对正在发生的事情有足够的理解。我们需要理解什么是系统（更多相关内容将在后面介绍），以及这个系统的性质如何实现或阻止对可能发生事情的预测。那就让我们以“简陋的钟摆”作为着眼点开始探索这个问题。

钟摆

如果一个人希望制造一个摆动周期两倍于另一个钟摆的钟摆，他必须将摆绳延长至另一个钟摆的四倍。[1]

——伽利略（1564—1642）

系统化

每当我们试图理解我们周围的世界以及混沌对它的影响时，最基本的研究单位就是系统。在我们的日常生活中，系统往往可以指一种一般是消极的社会性的群组规则［“她把时间花在了对抗系统（规则）上”］、一种做事方法［“他有一个制胜系统（机制）”］或一项技术（“这个音响系统很棒”）。但就我们的目的而言，系统的含义要广泛得多。

系统是相互作用的组成部分的集合。它可以像一个球和一个能使其滚下的斜坡一样简单，也可以像宇宙一样复杂。笔是一个系统，智能手机、你的身体、一个国家的行政机构或者天气都可以是一个系统。一种有效的分类方法将系统分为两大类，一种是开放系统，其可以与系统外的其他元素和系统发生相互作用；而另一种是封闭系统。虽然我们日常生活中的大多数系统都是开放的，但为了简化问题，我们通常将与周围环境相互作用有限的系统视为封闭的。

最简单的系统之一是钟摆。在16到17世纪，意大利自然哲学家伽利略花了相当多的时间研究它。一个基本的摆由一个锚点、一个悬挂装置和一个重物构成：锚点即用以悬挂的支撑点，可以是天花板上的钩子；悬挂装置一般是一根绳子或一条细线；重物则挂在绳子的末端。

---

❶ 据亨利·克鲁和阿方索·德·萨尔维奥译本。

钟摆展示了能量从一种形式到另一种形式的转换。如果我们让摆锤从一边摆到另一边，当摆锤处于最高点的时候，摆锤因为被提升在重力作用下而具有一些能量，我们称之为势能，但它在此时并没有运动，所以没有动能（一个物体因为运动而具有的能量）。当摆锤开始向下摆动时，一些势能随着其高度的降低而损失了，但动能却随着摆锤速度的增加而增大。因此在摆锤从一边摆动到另一边的过程中，它不断地在势能和动能之间来回转换能量。

能量

使事物发生的一种展现。正如美国物理学家理查德·费曼所说：我们需要认识到，在现今的物理学中，我们不知道什么是能量。

这不是一个封闭系统。一开始通过抬升摆锤来向这个系统注入能量时会使悬挂装置变形、产热；同时，除非这个钟摆封闭在真空室里，否则空气阻力会使得更多的能量从这个系统中流出。而至关重要的是，这个系统不能被考虑成一个封闭系统，因为如果没有地球的引力，也就不会使势能转化为动能。

在伽利略的工作之后不久，钟摆开始被用于计时。1656年克里斯蒂安·惠更斯建造了第一个钟摆时钟，利用了伽利略观察总结出的钟摆摆动规律，即其摆动一个来回所需的时间只取决于悬挂装置的长度。相同长度的钟摆不受摆锤重量的影响，不论摆动幅度的大小，钟摆完成一个完整摆动所需时间相同。

实际上，最后这一结论只适用于相对较小幅度的摆动，但钟摆是一个相对规律的系统，因此其运动很容易预测。这和混沌完全相反。然而只需要一个细小的变化就足以全盘改变。

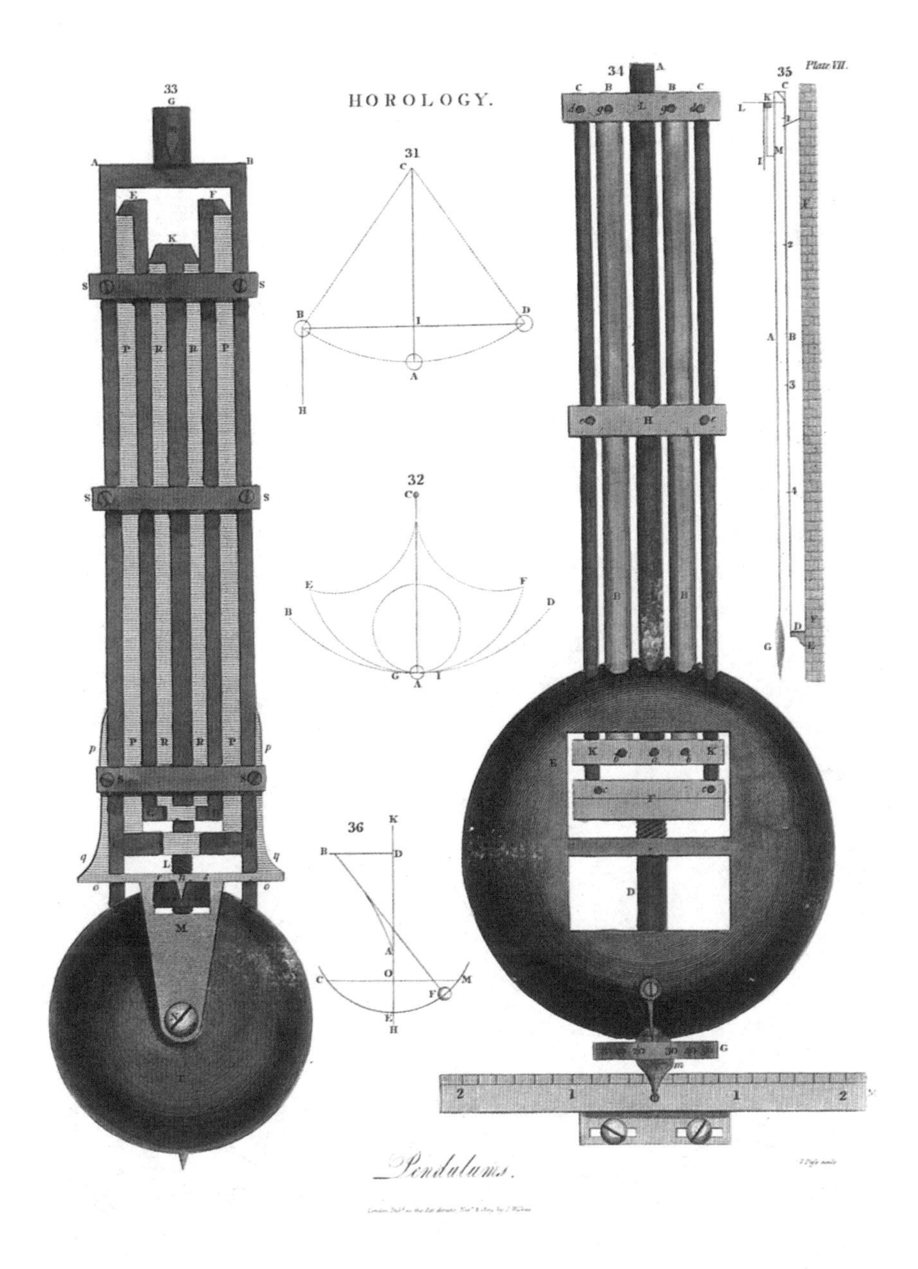

混合摆锤

精确的摆钟通常采用混合材料的摆锤，以抵消金属随热膨胀或收缩所造成的影响（1809年由J. 帕斯雕刻）

失控的钟摆

想象一个钟摆，其悬挂装置不是绳子而是一根金属杆。我们可以省去下方的重物，因为金属杆自身的重量就足以充当重物了。它与传统钟摆的功能没有什么不同，仍然服从杆长与钟摆摆动周期间的预期关系。现在我们将杆从中切断并放入一个连接器，使下半部可以相对于上半部旋转，然后重新启动钟摆。

这只是一个简单的改变，我们将连续的单悬挂装置变成了由两个能自由运动的部件组合而成的悬挂装置。实际上，它已经变成了一个双摆，因为两根杆都能视为各自部分的重物。如果这种变化导致钟摆的运动变得不

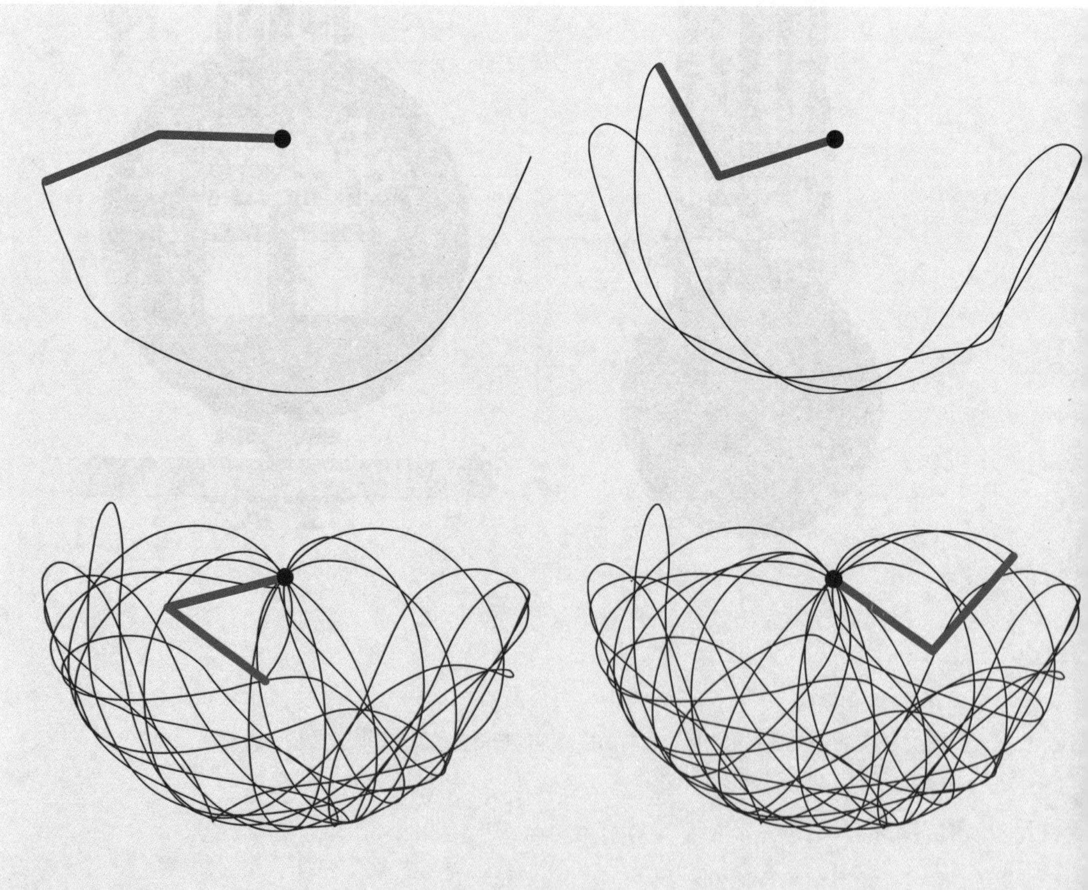

双摆轨迹

具有一个关节的钟摆其末端随时间运动的轨迹示意，如果我们重新让它摆动，其路径将会完全不同

那么平滑且不可预测，那也就不足为奇了。但在实践中，这个改装的钟摆“疯了”。

让双摆动起来，我们会发现摆的下半部分会剧烈旋转，然后突然被猛地一拉并开始向相反方向旋转。整个系统像是被一组没有相互关联的力拉动一样开始跳来跳去。实际上它的行为完全无法预测。然而这还并不是一个复杂的系统，它只是想象得到的最简单的系统之一。只是增加了一个关节这样的细小变化（或者如果你愿意的话，也可以在第一个钟摆底部添加第二个钟摆），就完全破坏了这个系统运动的可预测性。它已经变得混沌了。

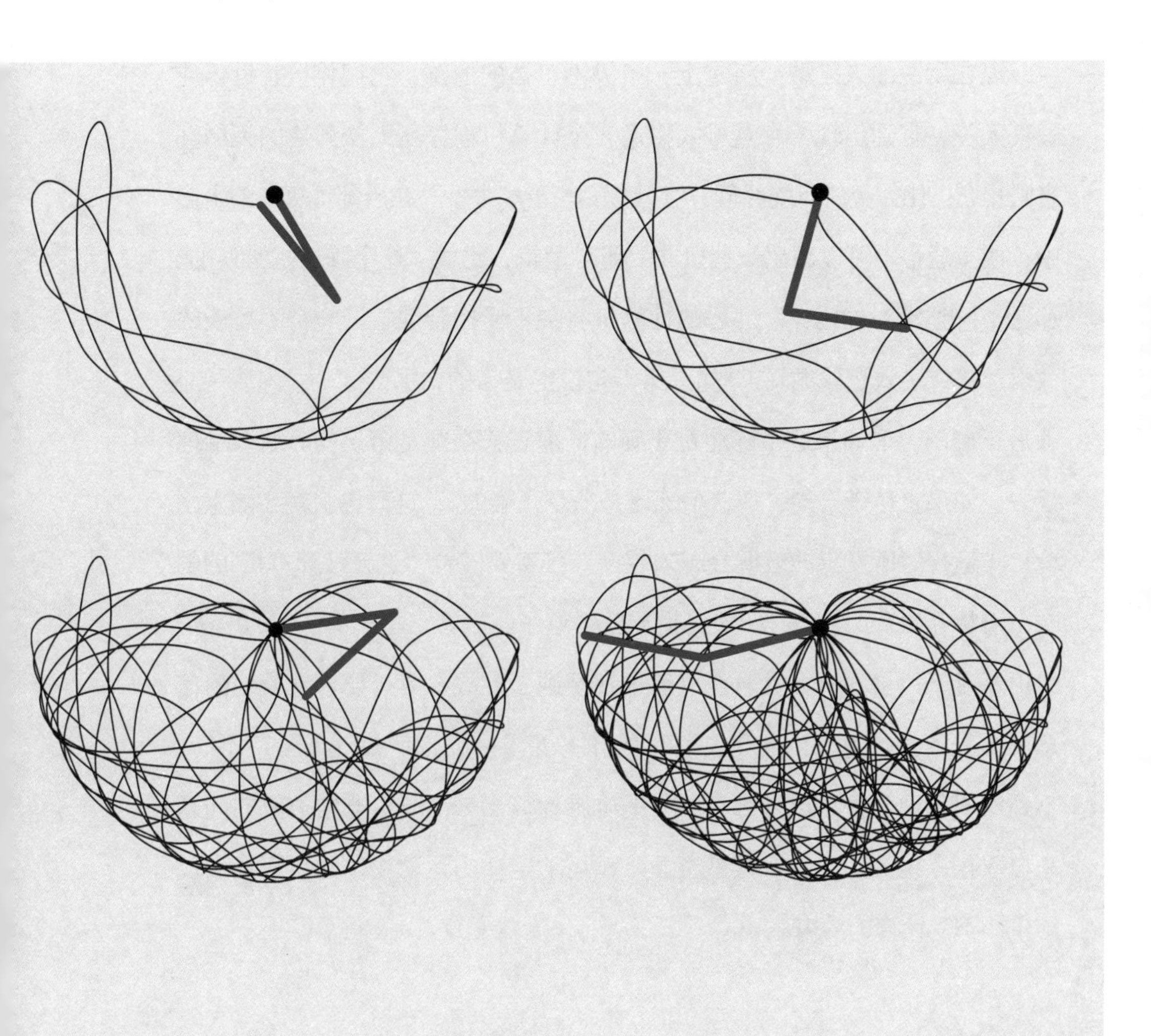

这无法计算

（所有现象）都同样可能被计算，要将全部自然现象都像牛顿发明的微积分那样简化成自然规律，所需要的是足够数量的观测以及足够复杂的数学。

——马里·让·安托万·尼古拉斯·卡里塔，孔多塞侯爵（1743—1794）

倒霉的计算机和确定的不可预测性

老电影里对邪恶超级计算机的描写有点让人害怕。在这些早期的想象中，现在所说的人工智能将走上一条势不可挡的道路，它们将接管世界或毁灭人类，直到出现一个英雄人物用一个计算机程序所无法解决的死循环来阻止它。比如英雄可能会问："1除以0等于多少？"在一部更复杂的电影中，他（通常）可以想出一些扭曲的闭环逻辑，比如"这个陈述是错误的。那这个陈述是对的吗？"邪恶的计算机将会不受控制地尝试一个不可能的数学计算或进入逻辑循环。"如果第一句说的是错的，那么这个'陈述'必须是正确的。但如果这个陈述是正确的，那它就必须是错误的。继续推理下去，如果它是错误的，那这个陈述必须是正确的。"这时电脑就会陷入困境，其运行时所发出的音调会越来越高，接着伴随着"这无法计算!"的呐喊，它将开始冒烟、爆炸，最终世界就得救了。尽管它是一部伟大的电影，但由于基于严格逻辑，计算机的世界观受到了挑战，因为要求它处理的信息其实是不可计算的。与上文引用的孔多塞侯爵言论所描述的预期不同，不是所有的现象都可以被那台不幸的电脑计算出来。一个非常类似的问题来自双摆系统的运动，双摆是遵循牛顿运动定律的运动物体，然而其表现结果却不受计算的约束。

具体来说，双摆的运动是确定的，原则上也应该是可以计算的，而且它还是一个非常简单的系统。但在实践中，我们在很长一段时间内都无法计算其运动轨迹。因为双摆具备一种逆随机性。一个真正的随机系统，比如放射性粒子的衰变，或者想象中完全公平的抛硬币都具有一定程度的可预测性。

对于像双摆这样的混沌系统，其并没有真正意义上的随机性，整个结果是确定的。如果有可能让摆锤在完全相同的环境下从完全相同的位置以完全相同的启动方式开始摆动，那么将会得到完全相同的结果。但实际上根本不可能以这样的精度复现这样一个系统的运动，而即使双摆的起始位置或启动方式仅有非常小的不同，也会导致一个完全不同的运动轨迹。我们会发现在日常生活中有很多这样的系统，从华尔街金融市场变化到天气变化。

伪随机

几乎所有我们在日常生活中所使用的看似随机的数字事实上都是基于数学上的混沌系统，即一个伪随机数生成器而得到的。例如，当我们使用电子表格（如微软的Excel）的随机数函数时，它不会产生真正的随机数，

暴风雨天气：明确的混沌系统

天气对微小条件差异的敏感性激发了混沌理论的发展

而是得到一系列通过近乎随机的跳跃而得到的确定序列的伪随机数。

虽然在使用时几乎感觉不到，但伪随机数生成器总是从一个“种子”值开始。“种子”即随机数生成器的起点，它很可能是过去某个固定日期开始的秒数或毫秒数。这个起点是一个不断变化的值，然后用一个简单的数学公式来进行处理，从而得到伪随机数序列中的下一项。电子表格中经常使用一种叫作Lehmer随机数生成器的常见机制，其原理是通过将前一个值乘一个特意选定且较大的数，然后再除以一个大的素数，取其所得结果的模（余数）作为一个新的随机数。首先输入种子，然后进行第一次计算，并将其结果作为下一轮以相同方式运算的开始，以此类推，通过若干次迭代得到伪随机数列。

摇号机

彩票的摇号机是一种常见的伪随机数发生器，是一个复杂的混沌系统

我们可以利用量子过程获得真正意义上的随机值，无论是间接利用量子过程（例如电子设备中的热噪声）还是直接使用分束器等量子器件（分束器随机向一个方向或另一个方向发送光子，并以此生成真随机数）。这种使用光产生随机数的技术被称为ERNIE（电子随机数字指示器设备）。英国政府的储蓄计划（有奖债券）使用的就是这个设备。这个储蓄计划本质上是一种彩票的形式，有奖债券自其被购买后一直有效，它也可以被以原价再次出售转让。这个计划用每月抽奖选取的潜在中奖可能作为诱惑来吸引原始投资，而中奖号码就是由ERNIE使用真正的随机过程生成的。

与之相比，大多数的传统彩票使用的是混沌的伪随机系统，例如在一个旋转的盒子里放入会发生相互作用的多个球。这些球与彼此以及旋转的桨多次碰撞，而最后从这些球中取出几个作为结果。虽然这是比双摆或伪随机数生成器要复杂得多的系统，但其在不可预测性方面，还是与二者相似。

双摆是展示混沌性质的最简单系统之一，但它却并不是被发现的第一个混沌系统。要想回顾第一个混沌系统，我们必须回到牛顿和他的万有引力定律。

第二章

牛顿的复杂运动和失控反馈

万有引力

因此，大自然总会遵从自己的心意，追求极简。星空中所有物体的运动都是通过相互作用的引力来完成的。

——艾萨克·牛顿（1643—1727）

一种简单的关系

艾萨克·牛顿在重力和行星运动领域的发现是我们通常认为最不可能发现不可预测混沌行为的地方。我们知道拉普拉斯将牛顿的发现作为他宇宙观的基础，他认为发生的一切事物都可以从过去宇宙的状态中预测出来。牛顿的《自然哲学的数学原理》中提供了一种描述重力的数学关系。然而在计算重力时，牛顿不得不承认出现的一个奇怪现象。

《自然哲学的数学原理》不是一本易读的书。它是用拉丁文写的，当时很多学者都放弃使用这一科学界通用语言，转而用母语来撰写科学书籍。然而，牛顿却刻意将《自然哲学的数学原理》一书的许多内容写得难以理解，以确保其受众仅限于业内行家。所以，他将文本内容变得更复杂的同时，却让其更容易被当时的数学家所接受。他们都沉浸在几何学的研究之中，因此，牛顿将他自己用新发明的微积分（他的“流数法”）所作的大部分工作转化成了更复杂的几何形式。

然而，这本书的某些方面令人印象深刻。他提出了三大运动定律，就是现在大家都知道的牛顿三定律。但是两个物体之间的引力关系——无论是行星间还是沙粒间的，解释得却不是那么清楚。现代教科书会给出牛顿发现的关系是这样的：

$$F=Gm_1m_2/r^2$$

这里F是两个物体之间的引力，m_1是第一个物体的质量，m_2是第二个物体的质量，r是它们之间的距离，G是万有引力常数（一个宇宙范围内通用的常数值，与具体物体和距离无关）。简单的解释就是，牛顿描述了引力与质量成正比。

值得注意的是，这对理解引力关系至关重要。那就是牛顿发明了质量的概念，而不是我们更熟悉的重量概念。质量是一个对象中有效的“东西”的数量，它提供对抗被加速的阻力，而重量实际上是一种力——某一质量物体因为受到引力而产生的力。质量是物体的绝对属性——无论物体放在哪里，它都是一样的，然而重量取决于当地引力作用的强度。例如，你在月球上的重量大约是地球上的六分之一，因为月球的引力要弱得多。

质量的计量单位是千克（美制单位中的磅源自千克，所以从技术上说也是质量的计量单位）。严格地说，重量是由于引力而产生的力，因此一个质量为1千克的物体在地球上的重量是9.81牛顿。但在现实世界中，我们却将质量与重量混淆。当然，在地球上通常是没有问题的，但在远离地球时就会出现问题了。比如月球上有个质量为1千克的物体，但它的重量只相当于地球上一个0.17千克物体的重量。

与复杂的数学相比，现代物理学定义的重力与质量和距离的关系简单而又美丽。所以，令人奇怪的是，这个公式或与之类似的等式却从未出现在《自然哲学的数学原理》中。原因之一是当时引力常数还没有被定义。它的值是由英国科学家亨利·卡文迪许在1798年成功计算地球质量时才第一次被明确提出。而上面列出的公式则是在19世纪90年代由另一位英国物理学家查尔斯·布瓦提出的，并且给出了这个常数的具体数值。

牛顿所承认的只是引力的大小与每个物体的质量成正比并与它们之间距离的平方成反比（或者准确来说是它们重心间距离的平方，牛顿也证明了两个物体可以被当作具有质量的点，这个点位于物质受引力作用的平衡中心）。

地球和月球

在《自然哲学的数学原理》中，牛顿观察了一系列天文轨道，而其中最简单优雅的可能要数他对地球和月球之间关系的分析。月球绕地球运行[或者更准确地说，是月球和地球都绕着二者中间的一个点运行，这个点叫作质心，但是因为地球的质量比月球大得多，导致这一点其实在地表以下约1 000英里（1 700千米）处]。当一个物体围绕另一个物体旋转时，它实际上是在做两件事情：朝那个物体坠落及飞离而去。

一颗轨道卫星（这里是月球）在引力的作用下会不断向地球加速坠落。但是为了留在自己的轨道上，它同时也用足以与地球保持稳定距离的速度向侧边（与下落的方向成90°）运动。顺便说一句，这就是为什么宇航员在国际空间站（ISS）是在几乎没有重力的情况下飘浮。他们实际上是在离地球表面不远的位置——只有220英里（350千米）高。这个距离处的重力是地表重力的90%。但是空间站和宇航员都在向地球自由下落，所以宇航员感觉不到重力；就像在一架垂直下落的飞机或电梯中一样四处飘浮。而幸运的是，国际空间站同时也在横向飞行，速度刚好能使之保持在那个高度上。

依赖于当时最好的天文测量方法，牛顿计算出月球向地球加速的速率。我们知道当时他还没有上述的引力公式，但我们可以通过结合牛顿第二定律进行更简单地计算，即作用在物体上的力等于它的质量乘以它的加速度。

所以我们可以说：

$$m_{moon}a = Gm_{moon}m_{earth}/r^2$$

这意味着加速度是：

$$a = Gm_{earth}/r^2$$

国际空间站

空间站向地球自由下落，但其侧向运动使其维持在相同的高度上

需要注意的是，加速度不受被加速物体质量的影响，所以这里月球的质量不需要列入考虑。在《自然哲学的数学原理》第三卷的英文简化版《论宇宙的系统》中，牛顿思考如果山顶上有个大炮向侧面发射炮弹，是否可以逐渐加速直到使炮弹在地球表面绕地球飞行？这听起来有点奇怪，因为我们习惯了太空中才有绕行地球的轨道。这种近地表轨道绕行原则上是可能的，但实际上却不是那么回事，部分原因是地球表面其实并不光滑，

所以炮弹须从高地发射从而避免撞击地表突出来的部分，另一部分原因是炮弹在地球表面绕行需要保持的速度是极高的，需要17 600英里/时（25 000千米/时）。

牛顿计算了一个物体（比如说月球）在完全贴靠地球表面进行轨道绕行时的加速度，结果证明其和我们在地球表面感受到的重力加速度是一样的——32英尺/秒^2（9.81米/秒^2）。牛顿以惊人的数学成就证明了地球表面的物体坠落和月球在其轨道上的运动源于相同的引力。通过对木星的卫星进行计算，再一次地，他证明了他的引力理论似乎确实具有普适性——它在我们已知的整个宇宙中都适用。这两件截然不同的运动实际上是同一种简单关系的结果。

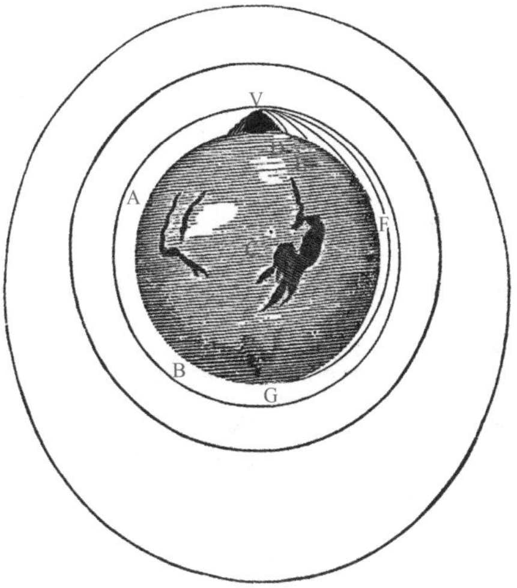

牛顿大炮

该图展现了从简化地球上的一座假想的500万英尺（1 524千米）高的山上发射炮弹的理论轨迹

在现实中，地球和月球之间引力关系的精确细节并不简单，因为它们都不是完美球体，并且都受到引力的牵引；引力不仅导致了人们所熟悉的海洋潮汐，同时也导致了陆地的微小潮汐运动。然而，牛顿所取得的成就是他通过数学描述而给出一种机制，在给定值正确的前提下，人们可以完全精确地描述两个物体之间的引力关系，比如，地球和月球间的相互作用。

然而，现时其实比一个仅由地球和月球组成的系统要复杂得多。我们住在一个十分混乱的宇宙中。只要人们抬头凝视夜空，就会意识到这可怕的复杂性。

二体系统和三体系统

天球是没有中心的。地球的中心不是宇宙的中心，而是引力和月球的中心。

——尼古拉斯·哥白尼（1473—1543）

引力的力量

牛顿用引力的概念将哥白尼话中所描述的过于简单的概念向前推进，得到引力只与物体如何落向地球有关。牛顿进一步证明了引力是天体间的关联力，同时放弃了哥白尼提出的天球概念。然而，在这个过程中，他也打开了通往混沌的大门。

引力没有限制，这适用于两种不同的情况。首先，没有一种物质能阻断引力。引力能穿过固体，就好像它们不存在一样。不可能有一种材料像威尔斯的小说《最早登上月球的人》（1901）中虚构的“卡沃尔物质”一样可以阻挡重力。如果存在这样的东西，我们就可以从任何地方获得能量。想象一个有金属桨的水车，如果我们能够在每个叶片的一面涂上重力阻挡剂，那么每个桨叶都只有一面会被地球吸引，而另一面则不会。如此一来，轮子未经处理的那面向下的桨叶会被拉向地球，而另一边则不会有反作用力，这样轮子将不停地自发转动。虽然这个想法很有趣，但所有的证据都表明这种违反热力学第一定律——能量守恒——的体系，是完全不可能存在的。

热力学定律

决定热量及其他形式能量如何在系统内传递的四条自然定律。

除此之外，距离也阻挡不了引力。不可否认，引力会随着距离的增大而以平方关系迅速减小。结合万有引力方程式我们能看到如果作为分母的r变大了，引力就会减弱，如果距离变为原来的两倍，引力则减小到原来的四分之一。但是，不管你将两个物体分开多远，两个物体之间的引力永远不会减小到零。因此宇宙中的每一个物体都将会对其他物体产生引力作用，而非独立的二体系统。从这方面（而且只有这方面）来看，占星术似乎是有意义的，因为行星的位置确实对个人产生引力影响。不幸的是，占星术仍然是虚构的东西，部分原因是没有理由能说明你出生时，行星的引力会对你产生任何影响；并且当你出生时，行星作为如此遥远的物体，远不及房间里其他的人对你产生的引力影响大。

尽管如此，太阳系中的一切物体的引力都相互影响着，更别说让人无法忽视的太阳了。自古以来，人们很容易低估太阳，因为从地球上看，它看起来和月球一样大。但我们知道它实际更大，很难想象太阳的直径是月球的400倍。太阳的质量大约占整个太阳系总质量的99.9%。因此，尽管太阳距离我们非常遥远——平均约9 300万英里（1.47亿千米）——它依然对地球和月球系统有显著影响。所以，孤立地考虑一个二体系统是不现实的，总会有第三者介入。

牛顿其实知道这一点，但他也知道他所认为的精确计算在太阳介入后，就不复存在了。

Prop. XXV. Prob. V.

Invenire vires Solis ad perturbandos motus Lunæ.

Deſignet *Q* Solem, *S* Terram, *P* Lunam, *PADB* orbem Lunæ. In *QP* capiatur *QK* æqualis *QS*; ſitque *QL* ad *QK* in duplicata ratione *QK* ad *QP*, & ipſi *PS* agatur parallela *LM*; & ſi gravitas acceleratrix Terræ in Solem exponatur per diſtantiam *QS* vel *QK*, erit *QL* gravitas acceleratrix Lunæ in Solem.

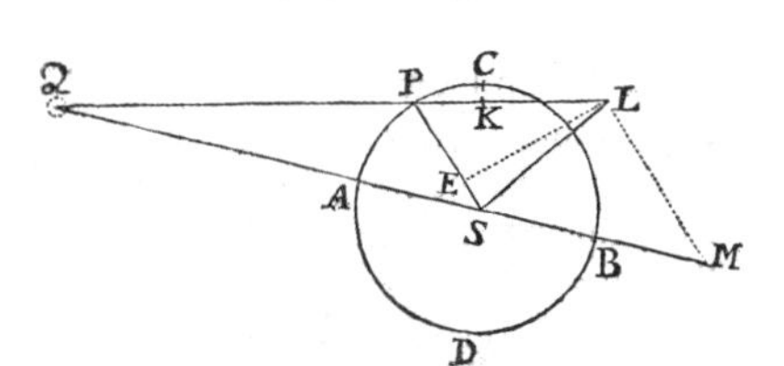

Ea componitur ex partibus *QM*, *LM*, quarum *LM* & ipſius *QM* pars *SM* perturbat motum Lunæ, ut in Libri primi Prop. LXVI. & ejus Corollariis expoſitum eſt.

Qua-

牛顿的摄动图

在《自然哲学的数学原理》中，牛顿近似地展示出了太阳对月球运动的影响

问题是一旦有第三个物体牵涉其中，就不仅仅是地球和月球之间的相互影响了。太阳将会影响它们中的每一个星球，它们中的每一个星球也都会干扰太阳对另一个星球的影响。就像给钟摆加上一个关节一样，将第三个物体

太阳的影响

太阳不仅给了我们光和热，它的引力确保了地球在轨道上运行，并且对地月系统产生着影响

带入二体引力问题中，会在以前平静的过程中引入混乱。虽然原则上应该能够准确地计算出将会发生什么，但在实践中是完全不可行的。牛顿做不到，这并不仅是因为17世纪缺乏强大的计算能力，现在，我们也做不到。

虽然这种复合的运动形态与现在一样——既没有被命名，也没有被理解，但是牛顿还是确定了宇宙不会让大家轻易发现它所有的秘密，即使用上数学的力量也不行。当系统中的对象超过二体时，混沌横空出世。

从微扰到拯救

牛顿不会允许这种无法进行精确计算的问题妨碍他在《自然哲学的数学原理》中展示自己的天才。为了应对太阳的影响（事实上他将他的方法推广到了任何这样的多体系统中），他意识到自己可以利用一种叫作微扰的原理。这个想法是这样的，相较于精准计算三个相互作用的物体之间的关系，首先计算你感兴趣的二体系统的结果，然后把这个二体系统作为一个整体再来考虑第三个物体的介入对它们产生的可能影响。

我们习惯了物理是精确的，通常这是通过对情况的极端简化而实现的。而对于类似问题，人们接受了精确的数值是无法获得的，而微扰给我们提供了一个近似的结果。虽然它永远不可能正确，但计算得越好，它就越接近正确值。

例如，牛顿的引力方程可以用来计算地球和月球之间的引力，预测月球和地球的独立轨道。牛顿接着计算了太阳对月球和地球各自的作用力，以及太阳的引力会对它们的原始轨道产生什么影响。牛顿假设地球和月球对太阳没有影响，这个结果并不完美，但考虑到太阳比月球和地球大太多了，所以对结果的影响并不那么明显。

毫无疑问，加入更多的物体会使问题更加复杂。例如，对于太阳系的大部分星体来说，木星的引力影响也不可忽视。同样，我们可以通过考虑在二体系统的基础上引入微扰来简化这个问题，但是所需的计算也会变得越来越复杂，其近似化处理需要更加的仔细。这点在一次性处理整个星系问题的时候尤其得以体现。

旋转的星系

目前现有的证据有力地表明了螺旋星系是独立星系或岛宇宙，是能与我们的星系在维度和组成单元的数量上相媲美的存在。

——希伯·柯蒂斯（1872—1942）

岛宇宙

自从牛顿彻底打破了天球的概念，我们对宇宙大小的认识就超越了我们所认识的太阳系。我们及时意识到，形成壮丽光带的银河系是数十亿颗恒星的集合，而我们的太阳只是其中之一。

然而直到20世纪20年代，关于宇宙中是否有比银河系更多的东西这个问题还存在着相当大的争论。有些科学家认为这些模糊的小块光点只是星团或气团，通过望远镜可观测到其中的一些小块光点分解成优雅的螺旋状形貌。但其他人，比如美国天文学家希伯·柯蒂斯，在和另一位美国天文学家哈洛·沙普利的辩论中创造了“岛宇宙”这个说法。如我们现在所知，他们相信每一小块光点都是恒星的巨大集合，也就是我们现在所说的星系，比如银河系。

星系倾向于持续旋转。事实上，几乎宇宙中所有的东西都在旋转。这种运动反映了它们都是由气体云或尘埃云形成的：除非这种云是绝对对称的（但它永远不会是对称的），否则一侧受的引力会比另一侧大，因此物质在凝聚时会开始旋转。但是到20世纪70年代，一些奇怪的现象被观察到了。基于瑞士天体物理学家弗里茨·兹威基的工作，美国天文学家薇拉·鲁宾注意到一些奇怪的现象：星系旋转得太快了。为什么会这样？

银河

在巴西多明戈斯·马丁斯的佩德拉阿祖尔峰上，我们在黑暗的天空中可以看到光带似的银河

陶匠的转轮效应

如果载有黏土的陶轮旋转得过快，一些黏土碎块就会被甩出来。因为使小块黏土粘连的力最终会比让黏土飞出去的力小。同样的事情也会发生在星系上：如果它们旋转得足够快，引力就无法将整个星系凝聚在一起。鲁宾测量了一些星系的旋转速度，发现它们旋转得太快了，以至于恒星应该像转轮焰火上的火花一样飞出去。

这似乎只有一种可能，就是星系里面有额外的看不见的物质。这个概念由兹威基在20世纪30年代提出，但直到40年后鲁宾的发现公布后才被认真对待。兹威基称其为dunkle materie，这是个德语词，而它在英语中就变成了dark matter（暗物质）。值得注意的是，计算表明这种仅产生引力作用的不可见物质的量是普通物质的五倍。

直到今天暗物质仍然是个谜。尽管许多实验致力于寻找它，但从来没有任何一个暗物质粒子被直接探测到。暗物质存在的证据基本都来自引力效应，并且是一种间接的证据。一些物理学家提出，暗物质并不是作为一种物质存在的，而是在一个星系的规模上由引力效应的细微变化引起的。但是一位美国数学家唐纳德·萨里认为这没什么好解释的，造成这种明显影响的原因是牛顿在处理万有引力时所面临的问题（地球、月球和太阳的三体系统）的大规模扩展。

不那么让人舒服的黑暗

萨里指出精确计算引力的困难不是仅由太阳系中少数天体引起的，而是银河系中数十亿颗大质量恒星引起的。根据萨里的说法，通过计算来确定一个星系应该旋转多快而不分离本身就是个充满缺陷的命题。

显然，不可能精确计算出每一个天体间的相互作用（请记住，能够精确计算的天体系统中最多只能有两个天体）。所以，天文学家做了一些重要的近似处理。以我们最近的大邻居——美丽的仙女座星系为例，它包含大约有1万亿颗恒星，直径约220 000光年，而一光年大约是5 880 000 000 000英里（9 460 000 000 000千米）。想要弄清楚发生了什么是一个令人难以想象的任务。

天文学家完成任务的方法是观察特定的恒星，并将更靠近星系中心的所有其他恒星视为一个整体，这样就又回归到两体问题了（更远的恒星可以忽略，因为它们的作用大致上相互抵消了）。但现实中的相互作用并不那么简单。一颗恒星和它最近的邻居星体之间的引力往往有着混沌元素的介入，这就会完全打破我们对其相互引力作用的计算，例如，一个更快的邻近恒星会把我们的目标星也一起拖走。看起来一直困扰牛顿的问题在很大程度上似乎也困扰着现代天文学家。

单体

牛顿描述的是像地球这样位置处于重心的物质的集合。当然，这里假设其中每部分不会发生相对移动。

然而，天文学家们在业余时间可能会玩一种游戏；在游戏中，混沌效应会再次破坏牛顿定律的极简之美。

仙女座星系

距银河系约250万光年的最近的大邻居

台球和弹球

如果你试图用光（或X射线）“去看”电子，光子撞击电子的过程就像打台球。

——罗杰·琼斯（1953—　）

物理学家最喜欢的游戏

在我们开始感受这种不可预测性之前，牛顿世界中有着另一个值得探索的例子，它暗示了混沌的本质。这个例子就是弹球类游戏。最早的这类游戏之一就是台球，后来成了人们最喜爱的用来说明基于牛顿定理的物理问题的例子。它与英式桌球或斯诺克类似，但却只有三个球（两白一红）。台球起源于15世纪欧洲流行的一种草坪游戏，而且在牛顿时代已经流行起来。作为比较，英式桌球和斯诺克运动直到19世纪才出现。

一般来说，台球游戏在任何时候都只涉及一个球撞击另一个球。球员们用球杆的末端击中自己的白球，球就会在桌子上滚动并撞击红球。在这个过程中，它可能会在桌子的两边反弹，这为那些设置物理问题的人增添了乐趣。这使台球成为一个应用牛顿运动定律的理想平台。通过了解球的位置和动量，人们应该可以准确预测一个球击中另一个球的结果会是什么样。严格地说，这只适用于物理学家定义的理想化球台，那就是当球在绿色台面上运动时没有摩擦，并且当球撞到另一颗球或台边时没有噪声和热量带来的能量损失。但在现实世界的台球桌上，只要有一个相当好的台面，那这还是一个足够简单的环境从而使物理预测准确，一个好的台球选手还是可以打出自己理想的一杆击球的。台球桌已经成为物理世界中数学决定论的展示方式。

量子台球

确切地说，当我们只处理台球和桌面时，台球的确定性本质没有问题。

所以，科学家们通常会使用建模——用数学模拟来描述类似已知系统的事物的行为。但随着量子物理学在20世纪20年代的快速发展，将量子，例如电子、光子和原子，类比台球系统进行建模则有严重的缺陷。

以一个简单的台球运动为例——球撞击台边然后弹开。球的行为一般是服从经典的、可预测的牛顿式行为。它以一个特定的角度沿直线接近台边，撞击台边然后正好以相同的角度但相反的方向弹开。乍一看这也适用于光子，因为光子也有同样的行为。光子从反射镜上反射回来（实际上每个光子都被原子中的一个电子吸收，然后重新发射，但我们不考虑这些），其反射角度与入射角度相同，但方向相反。正如我们在学校里学到的那样，“入射角等于反射角”。但根据量子物理学，过程就完全不同了。事实上，光子会选择所有可能的路径来到镜子前，并从每一条可能的路径上反射，但每条路径都有不同的概率。在实践中，很多路径的概率相互抵消了，结果就是这个行为看起来和传统的台球弹跳并没有什么区别。然而，如果我们从镜子上去掉一些条状的反射材料，这意味着一些原本被抵消的路径消失了，光线会以一个完全意想不到的角度反射开。

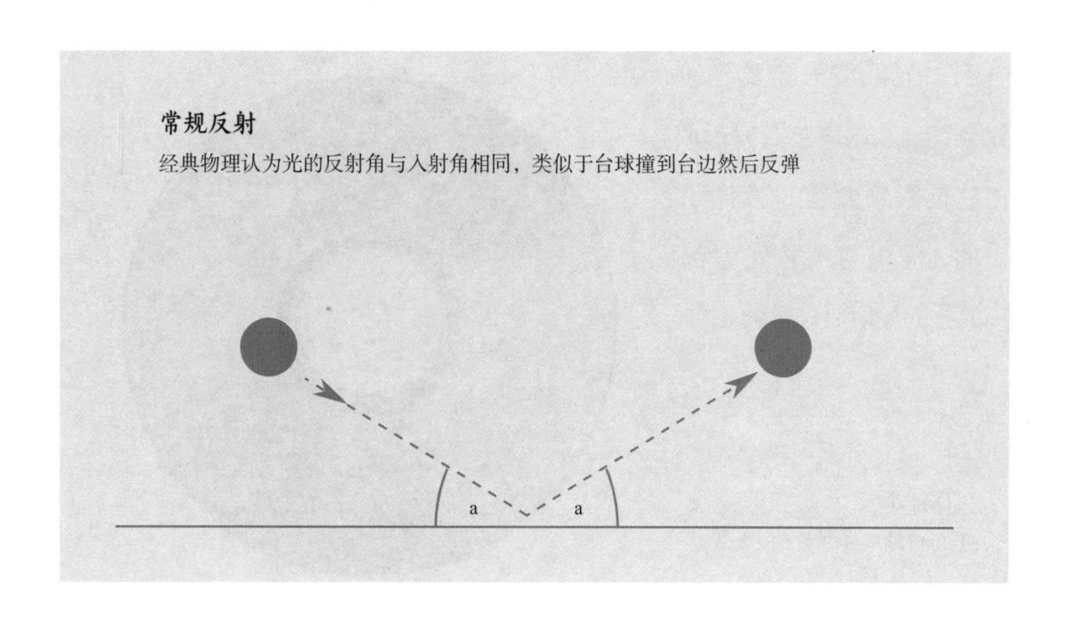

量子反射

量子物理认为光子可沿多种角度反射，但基本都被抵消掉了，然而移除镜子上的反射条带后，反射角度会与之前的大相径庭

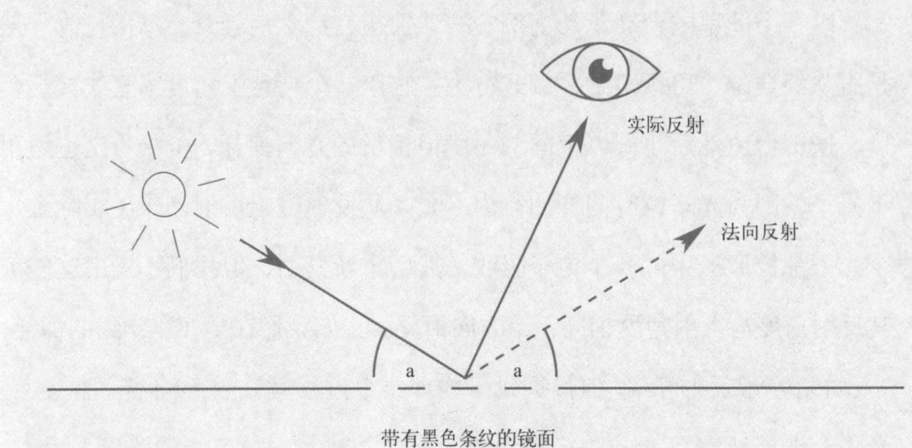

这个最终反射角取决于镜子缺失条带的分布和所涉及的光子的能量（光的颜色）。我们通常可以在光盘上看到这种效果，因为其实光盘播放表面有着大量凹坑。这些微小的凹痕就像是反射表面缺失的部分。将光盘倾斜到与光线成一定的角度，你会看到小的彩虹图案形成。这些色彩效果是由于不同能量的光子以与入射角完全不同的方向反射而导致的。

CD彩虹

彩虹的形成是由于不同光沿着不同角度进行反射

弹球向导

量子的行为确实是随机的，但受概率控制。如果对桌球式的相互作用做一些修改，就会得到另一个在真实世界中难以计算的例子。再一次地，相互作用中一个很简单的改变就会使结果变得无法预测，因为这些在起点只产生一个很小的差异的相互作用因素，会导致结果差异巨大。我们将逐渐认识到混沌对结果的重要影响。

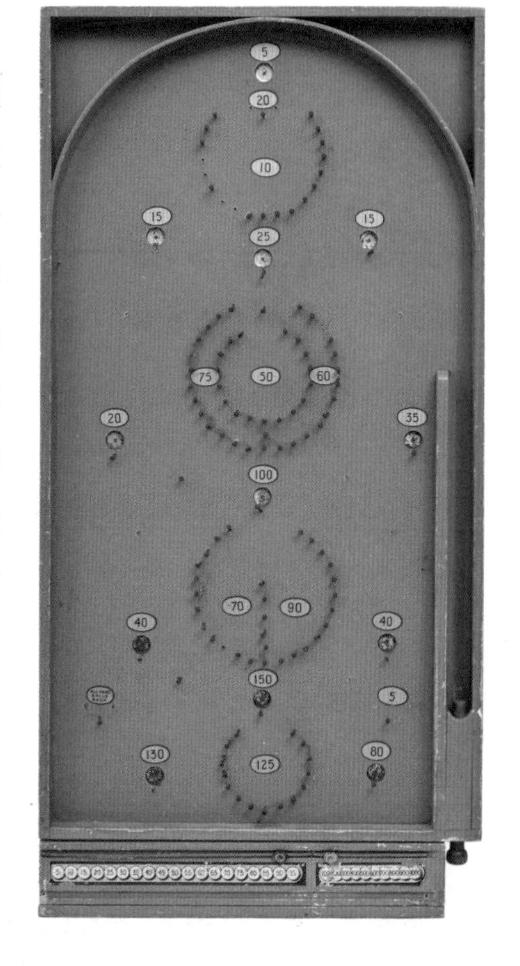

弹球游戏

弹球和弹球机的前身，弹球撞击钉子后会导致无法预测的方向变化

任何玩过弹球的人都清楚这一点。虽然有些人确实比其他人更擅长玩这个游戏，但即使对于弹球高手来说，相比台球，在弹球游戏中保持一致性就难多了。弹球游戏中当球被弹出时，球与它遇到的第一个障碍发生的相互作用受几个不同因素的影响。与手动控制台球杆相比，弹球机中的弹簧拉杆最初给球的推力更难以判定。在球飞到顶部的过程中与墙壁也发生了若干相互作用。如果球碰到的第一个障碍是弹杆，这个部件的灵敏度和球将受到的推力都有着巨大的不确定因素。同样，在老式弹球桌上，球与伸出台面的简单销钉碰撞，产生偏转的角度依赖于击球方向的微小差异，结果是完全不可预测的。

当球沿着球桌一直运动，它最终停止的位置也是无法控制的。虽然一个好的台球选手可以用主球撞击红球而使红球精准地落入一个特定的口袋，但没有弹球玩家能够以这样一种方式不断地发射一个弹球，使它以相同的方式每次都停在桌子上的同一位置。不管多么小心地弹出一个球，结果都很可能是不同的。依照牛顿的说法，台球的运动符合决定论。虽然弹球的运动（不同于量子碰撞）也符合决定论，但结果却是不可预测的混沌。

在上述讨论中，混沌源于影响球的运动路线的各种因素的复杂相互作用。但在其他情况下，可能由一个特定因素的自我反馈而引入了必要的相互作用，进而诱发了出乎预料的效果，而人们希望“调速器”可以避免这样的效果。

蒸汽安全

调速器是机器的一部分，它使机器的速度保持不变，尽管驱动功率或阻力仍然存在一定变化。

——詹姆斯·克拉克·麦克斯韦（1831—1879）

调速器的工作

早期的蒸汽机是个危险的东西。它们的发展早于其科学原理的发展，爆炸和失控并不少见。后来，这个问题落到了18世纪的苏格兰蒸汽先驱詹姆斯·瓦特身上。他将用后来被称为调速器的机械装置来解决这个问题。

瓦特的调速器由一对重球锥摆组成，重球锥摆与由发动机驱动的转轴两侧的铰链杆相连。随着转轴转得更快，重球向外飞。然后将该机械装置与阀门相连用来控制蒸汽压力，如果重球偏离得太远就会（将蒸汽阀门关小）降低动力供给。结果就是对转轴的转速实现了控制或限制。

我们从苏格兰物理学家詹姆斯·克拉克·麦克斯韦1868年对其他机械装置的调查中了解到，其他调速器的原理是让重球压在某个表面上，从而产生摩擦，进而对转速实现控制。麦克斯韦将这些设备命名为“减速器”，而非瓦特版本的调速器，因为瓦特的蒸汽机仍可以通过增加动力来提速，只是增速慢一些，并且并不能被逆转。减速器就像刹车一样，它的阻力随着速度的增加而增加。

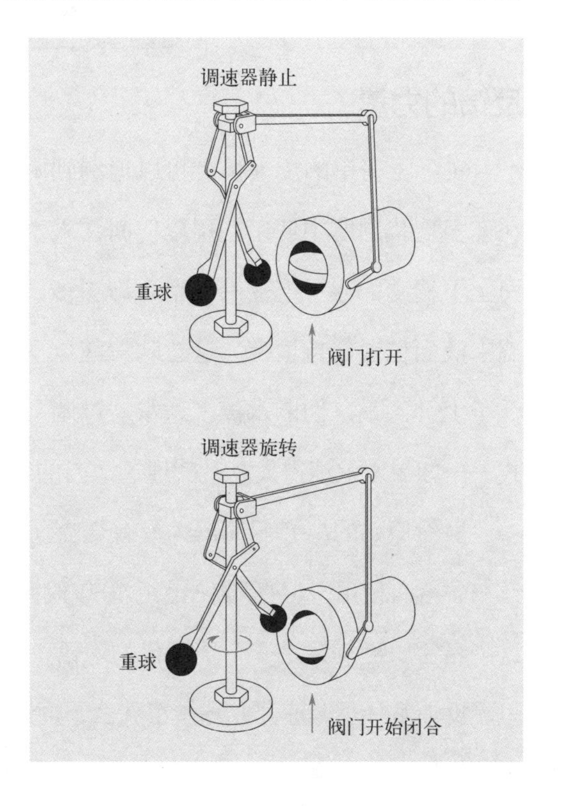

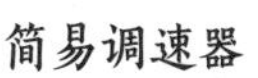
简易调速器

当转轴旋转更快时，重球因离心力而向外飞，从而带动阀门关闭

然而，麦克斯韦还提出了另一个概念——在他看来的一个真正的调速器：当速度太高时不仅可以减速，而且在超过预期速度时能更积极地增加阻力；在速度低于预期速度时还能增加动力。这样就需要更复杂的控制机制以实现预期结果。

一个熟悉而简单的例子就是恒温器，当温度降得太低时就会打开暖气，如果变得太热就会将其关闭。更巧妙的是，安装在一些汽车上的巡航车速控制装置，它比简单的“关”或“开”更灵活，当条件变化时，能有效地将汽车恢复到预期速度。

麦克斯韦在他的论文中详细阐述了调速器运作的数学原理，但缺少一个重要的、可以让我们与混沌相关联的词。这个词就是“反馈”。

反馈

将部分输出信号或信息流返回到输入端以增加或减少输出。

反馈的力量

实际上简单的反馈机制可以追溯到两千年前的浮阀，类似的装置仍然在许多现代厕所中使用，用以切断注入水箱的水。这个想法是通过将随液面上下移动的浮子连接到一个允许更多液体进入储罐的阀门上，从而使储罐中液面位置保持恒定。这意味着液位下降会使得更多的液体流入，直到浮子上升到足以切断水流。通常“过调”的调整机制在这里是一种溢出形式——如果水位涨得太高，就通过适当的管道从罐内流出。

虽然原始的离心调速器（没有麦克斯韦的命名那么严格）在17世纪的风车中就有使用，但直到18世纪80年代，似乎是瓦特第一个使用"调速器"这个名字。而反馈是一个更现代的术语，第一次出现是在20世纪的头十年里。反馈解释了调速器究竟做了什么，通过改变机器输出的值来影响机器。

反馈一般有两种形式。调速器属于负反馈，令人困惑的是负反馈往往会产生更积极的作用。在蒸汽调速器中，速度越大，调速器将蒸汽阀门关闭得越多。调速器的运动与触发它的输入方向相反，这里的输入是发动机的转速。负反馈让事情平静下来，这就是调速器存在的意义。然而，还有一类与之相反的反馈，称为正反馈。

管理学中使用的“正反馈”通常的意思是口头上表扬某人，但从科学意义上以及将其用于系统上的意义来说，正反馈要危险得多。只要达到了它的触发阈值，一个正反馈会带来相同方向的改变。例如，我们有一个正反馈装置在我们的蒸汽机中，如果转轴旋转太快，反馈装置会告诉它继续加速，而不是发送指令来让发动机减速。然后它会变得更快，并由于反馈设备的推动导致其不停地冲向更高的速度，结果会成为一个失控的系统。

刺耳的扬声器

相信我们都经历过这样一种情况，当一个麦克风靠近与它相连的扬声器时，如果有人对着麦克风说话，扬声器就会发出刺耳的声音。就算没有声音的输入，麦克风靠近扬声器时也会发出同样刺耳的声音。这就是一个正反馈系统进入混沌的实例。

麦克风拾取非常小的背景噪声，并将它放大然后通过扬声器传出。于是从扬声器发出的声音就增加了由麦克风拾取并放大过的背景噪声，所以扬声器发出的声音更大了。当麦克风对着扬声器时，在一种正向反馈的加成下，噪声变得越来越大，音调也越来越高。预测到底会发出什么样的声音是不可能的——因为过程太混乱了——但我们可以肯定的是最终声音会非常刺耳。刺耳的噪声音调往往很高，主要由三个因素决定：麦克风与扬声器间的距离、方向以及麦克风和扩音系统的不一致的频率响应。

响应性

麦克风和扩音器都可能对某段频率范围更敏感，从而导致发出的声音失真。

从震耳欲聋的啸叫声和失控的机器来看，反馈好像完全是负面的。但请记住，在幕后，正是同样的过程以负反馈的形式使系统处于控制之下。反馈也可以在数学过程中看到，譬如用于彩票的伪随机数生成器通过反馈产生的数值来触发生成下一个数。第3章中出现的一些分形形状，例如曼德勃罗集合，总是依赖于将数值反馈回方程式中。这里虽然产生了混沌，但并没有失控，而是产生了一系列不可预测的模式。

回到生活，回到现实

反馈控制在机械和电子系统领域都很常见，其实在生物进化中也经常见到它（事实上，自然选择的进化本身就是一种反馈过程）。反馈在所有生物系统中都必不可少。包括我们自己在内的许多生物都能将体内的化学物质维持在一个固定水平，以及将温度等物理参数维持在一个小范围内。负责这些的是生物反馈机制，通常涉及稳态，字面意思就是“保持在同一状态”。

体温调节

尽管浸在冰水中，这位挪威斯瓦尔巴的游泳运动员仍能保持正常的体温

血糖和钙等化学物质水平严格地由身体来维持，对我们影响最明显的外部反馈过程就是温度。除非一个人生病了，否则无论哪种情况，即使环境温度相差几十度，体温都能在一定程度上保持一致。我们身体内部的传感器，也就是热感受器，将实时跟进体温的变化。如果体温下降，流向皮肤和四肢的血液会因为血管收缩而减少，这是一种有益的反应，能有效防止外部低温影响身体。同时体内的化学过程会被触发从而产生热量，如果这样体温仍然不稳定，我们就开始打寒颤了，用肌肉的力量产生摩擦，进而推高体温。同样，如果体温升高，一种负反馈效应开始起作用，让我们产生汗液，并通过汗水在皮肤上的蒸发对皮肤物理降温。

这种反应通常是由天气变化引起的——当涉及混沌系统时，很少有系统能比天气的混乱更引人注目。正是在研究天气变化的过程中，人们第一次认识到混沌的存在。这是因为我们总是渴望知道未来会发生什么。

第三章

天气忧虑和混沌蝴蝶效应

展望未来

预测总是困难的，尤其是对未来的预测。

——尼尔斯·玻尔（1885—1962）

接下来是什么

也许人类独特的一面就是我们渴望知道即将发生的事和未来会发生什么。这种冲动不仅渗透到日常生活的方方面面，它也是所有小说、电影或电视节目的基础。为了让我们有兴趣继续阅读或观看，那么就需要不断找出接下来会发生什么并伴随着意想不到的曲折过程。

历史自古就有记载，先知、占星家、占卜家和神谕都有预言未来的能力，他们传递通常被认为神圣且具有启发的信息。预测过程往往不需要数字和模型，因为这些预测的信息被认为来自外部的一个超自然来源。然而，在更实际的层面上，人们相信一种对现实的短期局部预测能力的存在肯定是有原因的，而原因中的一部分就是人类早期类似预测的成功。

人类的历史可以追溯到大约20万年以前。在那段时期的大部分时间里，猎人们可以预测他们的猎物的行为，并依此设下陷阱。这不是猎人们天生的直觉反应，而是通过预测会发生什么——如果我们按这个方向去追逐它的话，它很可能就会朝着那个方向逃跑——并使成功的狩猎成为可能。同样，从狩猎-采集生活方式向农业社会生活方式的转变，对可视化的“未来会发生什么”的要求更高。在过去的一万年或更长的时间里，越来越多的人类依靠耕种获取食物，这一活动需要了解季节以及未来气候变化对农作物的影响，而有效地饲养动物则需要能够预测家畜未来生活并做出相应计划的能力。

德尔斐的神谕

雅典国王埃勾斯向女祭司皮提亚求神谕，即德尔斐神谕。此图案绘制在公元前440年左右的石希腊酒杯kylix中

一些考古学家认为，进行农业预测的必要性意味着我们对英国威尔特郡著名的巨石阵的看法实际上是前后颠倒的。我们发现夏至日出时，太阳光线会使一些石柱的阴影连成一线。现代的德鲁伊教徒和其他太阳崇拜者夏至之时会聚集在这里，迎接太阳升到最高点。虽然冬至日出时，太阳光线也会使某些石柱的阴影在同一条线上，但这时来到巨石阵的人就屈指可数了。但相比之下，冬至一过，白昼就开始变长，这对农业的预测者来说要比夏至时节重要得多。

至日

至日是太阳达到其每日路径变化极限的日子。夏至白昼最长，冬至最短。在北半球，夏至和冬至分别发生在6月20日或21日和12月21日或22日，而在南半球则相反。

一般来说，季节比较容易预测。在一个特定的地区，虽然季节每年都会有一些变化，但总的来说它还是具有一种相对固定的模式的。比如，冬季的天气与夏季的天气对比就很强烈，或者赤道附近的雨季和旱季对比也很明显。但这绝不是预测接下来会发生的事情的极限。有些人总是准备接受随机性本身。

掷骰子

在探索随机性的过程中，我们已经遇到了使用骰子和其他机制来进行机会游戏的情况。那么为什么最明显的随机性例子往往来自此类游戏？事实上，在有记录的历史范围内，人类被这种为游戏带来随机影响的方式所吸引，并觉得这将会影响未来。

这种机会游戏在某些情况下（仍然）是一种用来赌博的机制。在这种用途中，准确预测未来的能力是每个赌徒所希望的。一个赌徒往往会相信自己有一种“独家秘技”，可以让他“战胜困难”。在现实中，随机性的定义就是不允许对特定结果展开预测。但是通过理解概率，确实能够让玩家知道这种游戏可能存在的全部潜在结果，并使他能据此采取行动。

有些由随机性驱动的游戏因为受到规则限制，所以如果玩家拥有适当的技能，就可以相对容易地“预测”未来。在纸牌游戏“21点”中，纸牌是从固定的集合中抽取出来的，所有纸牌都会随着游戏的进行而逐渐呈现给玩家，所以玩家原则上可以一边打牌一边记牌，从而在游戏的进行过程中计算出不断改变的其他牌被抽出的概率，进而一定程度上预测结果。

举个直观的例子，如果我从一副牌里随机抽牌，此时6已经被抽出2张，但是10还没有出现，我就可以知道下一张牌抽到10的概率是抽到6的两倍。赌场一般会使用多副牌，这种情况下的记忆量要大得多，但记牌仍不失为一种更好地了解接下来会发生什么的有用方法。赌场认为算牌是作弊，但严格来说所有的玩家都基于他们自己的已知信息来做出最好的判断，所以其实不接受算牌的赌场才是作弊的那一方。

赌博利用了一种人们基于对概率本质的误解而产生的预测陷阱。我们以一个简单的重复抛硬币游戏为例。在我的一次演讲中，我在观众面前抛一枚硬币，连续抛了九次都是正面朝上。我问观众下一次抛硬币的结果更可能是正面朝上，还是更可能反面朝上，还是说仍是50：50的概率。总是有很多观众会说更有可能反面朝上。这种错误的预测被称为赌徒谬论。

人们通常感觉在连续抛了很多次正面后，下一次更有可能是反面。因为我们知道，在一长串的抛掷中，掷出正面和反面的次数大致相同。然而，这种推理存在一个致命缺陷：硬币是没有记忆的。它不知道之前连续出现了9次正面。假设这是一枚均匀的硬币，那么第10次投掷的结果仍然会是50：50。（事实上，正如一些观众意识到的那样，迄今为止连续得到9次正面的最简单方法是用一枚双面都是正面的硬币，所以下一次抛硬币的结果反而更可能还是正面。）

在这种常识偏离实际概率的情况中，“貌似很正确”的感觉会让我们很可能会对未来做出极其错误的预测。这个情况通常出现在赌博和体育领域，但当然在其他领域也会出现，譬如对股票市场的分析。一个好的预测者需要有坚实的概率和统计基础以避免落入上述的概率陷阱之中。

出生和死亡

通过分析统计数据，一个英国伦敦的商人约翰·格兰特做了第一个有用的数学预测。格兰特用了“死亡清单”，也就是伦敦人在1604—1661年间是如何死亡的细节，和同一时期的出生记录，从而试着更好地了解人口发生了什么变化。

格兰特除了直接分析他掌握的数据，他还试图对统计数据进行更加深入的分析，比如估计同时出生的一群人在死亡时的年龄分布。这个方法在17世纪末18世纪初的伦敦也被其他许多人采用了，尤其是天文学家埃德

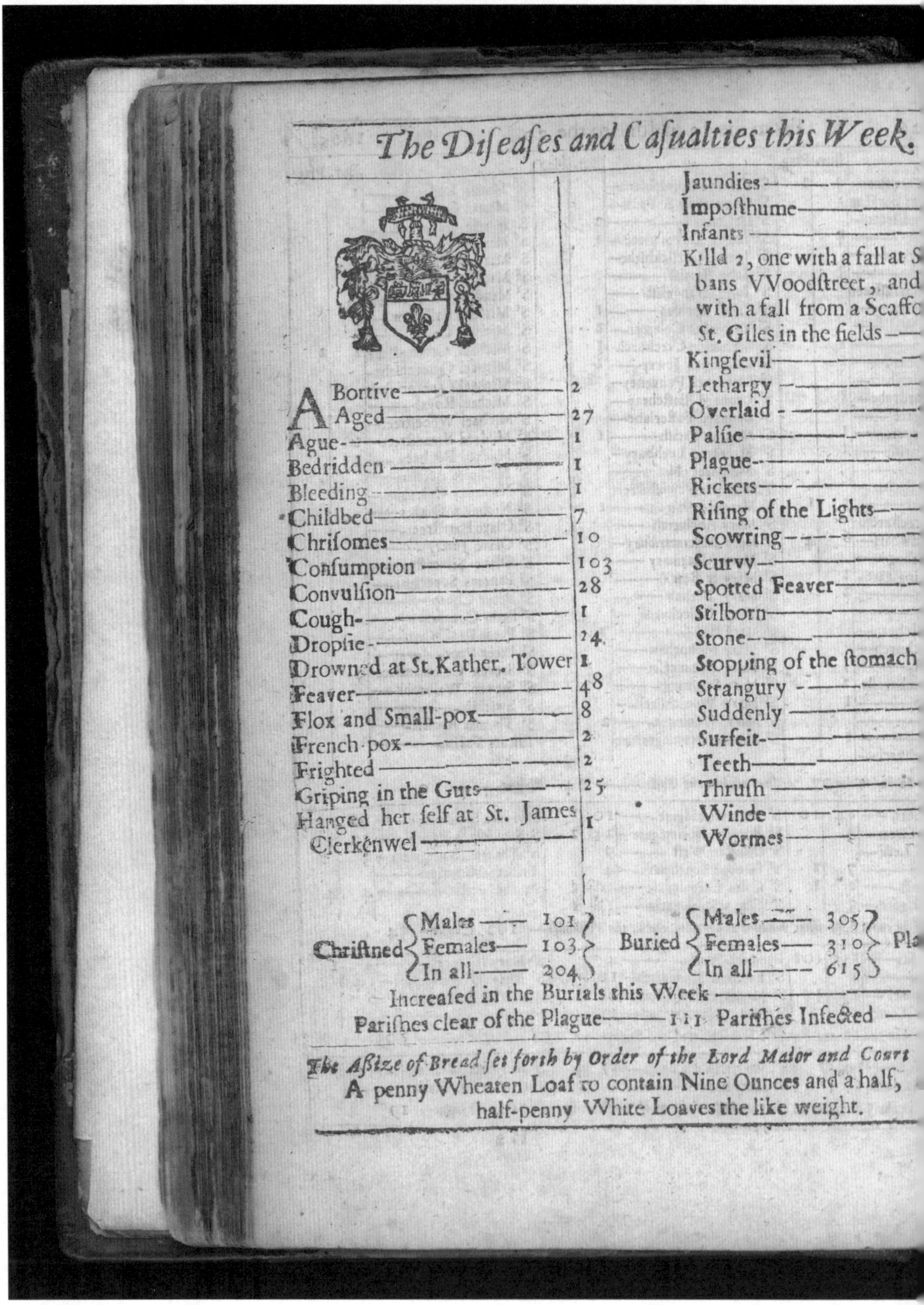

The Diseases and Casualties this Week.

ABortive	2
Aged	27
Ague	1
Bedridden	1
Bleeding	1
Childbed	7
Chrisomes	10
Consumption	103
Convulsion	28
Cough	1
Dropsie	24
Drowned at St. Kather. Tower	1
Feaver	48
Flox and Small-pox	8
French pox	2
Frighted	2
Griping in the Guts	25
Hanged her self at St. James Clerkenwel	1

Jaundies
Imposthume
Infants
Killd 2, one with a fall at S
bans VVoodstreet, and
with a fall from a Scaffo
St. Giles in the fields
Kingsevil
Lethargy
Overlaid
Palsie
Plague
Rickets
Rising of the Lights
Scowring
Scurvy
Spotted Feaver
Stilborn
Stone
Stopping of the stomach
Strangury
Suddenly
Surfeit
Teeth
Thrush
Winde
Wormes

Christned	Males	101
	Females	103
	In all	204
Buried	Males	305
	Females	310
	In all	615

Increased in the Burials this Week

Parishes clear of the Plague 111 Parishes Infected

The Assize of Bread set forth by Order of the Lord Maior and Court
A penny Wheaten Loaf to contain Nine Ounces and a half,
half-penny White Loaves the like weight.

伦敦死亡清单

这份1664年5月的文件，与约翰·格兰特使用的文件相似，显示了伦敦人的死因和埋葬地点

	Bur.	Plag.		Bur.	Plag.		Bur	Plag.
n Woodstreet	1		St George Botolphlane			St Martin Ludgate		
allows Barking	2		St Gregory by St Pauls			St Martin Orgars		
Breadstreet			St Hellen			St Martin Outwitch		
Great	3		St James Dukes place	1		St Martin Vintrey	1	
Honylane			St James Garlickhithe			St Matthew Fridaystreet		
Lesse			St John Baptist			St Maudlin Milkstreet	1	
Lumbardstreet			St John Evangelist			St Maudlin Oldfishstreet		
Stayning			St John Zachary	1		St Michael Bassishaw	2	1
the Wall	1		St Katharine Coleman			St Michael Cornhil		
			St Katharine Crechurch	1		St Michael Crookedlane	2	1
Hubbard	1		St Lawrence Jewry			St Michael Queenhithe		
Undershaft	2		St Lawrence Pountney	1		St Michael Quern		
Wardrobe	2		St Leonard Eastcheap			St Michael Royal		
dersgate			St Leonard Fosterlane			St Michael Woodstreet		
ckfryers	2		St Magnus Parish			St Mildred Breadstreet		
ns Parish			St Margaret Lothbury	1		St Mildred Poultrey		
Parish	1		St Margaret Moses			St Nicholas Acons		
omew Exchange	1		St Margaret Newfishstre.			St Nicholas Coleabby		
Fynck	1		St Margaret Pattons			St Nicholas Olaves	1	
Gracechurch			St Mary Abchurch	1		St Olave Hartstreet	1	
Paulswharf	1		St Mary Aldermanbury			St Olave Jewry	1	
Sherehog			St Mary Aldermary			St Olave Silverstreet		
Billingsgate			St Mary le Bow			St Pancras Soperlane		
urch	3		St Mary Bothaw			St Peter Cheap	3	2
ophers			St Mary Colechurch			St Peter Cornhil	1	
nt Eastcheap			St Mary Hill			St Peter Paulswharf		
Backchurch			St Mary Mounthaw			St Peter Poor		
n East	1		St Mary Sommerset	3		St Steven Colemanstreet	2	
d Lumbardstr.			St Mary Stayning			St Steven Walbrook	1	
orough			St Mary Woolchurch			St Swithin	1	
			St Mary Woolnoth			St Thomas Apostles	1	
			St Martin Iremongerlane			Trinity Parish		
Fenchurch								

Buried in the 97 *Parishes within the Walls* — 49 *Plague* — 4.

	Bur.	Plag.		Bur.	Plag.		Bur.	Plag.
Holborn	37	15	St Botolph Aldgate	14		Saviours Southwark	16	
omew Great	1	1	St Botolph Bishopsgate	11	3	S Sepulchres Parish	45	18
omew Lesse	1		St Dunstan West	5		St Thomas Southwark	4	1
	16	3	St George Southwark	7	1	Trinity Minories		
recinct			St Giles Cripplegate	42	7	At the Pesthouse	3	3
Aldersgate	4	3	St Olave Southwark	19				

Buried in the 16 *Parishes without the Walls, and at the Pesthouse* — 225 *Plague* — 55

	Bur.	Plag.		Bur.	Plag.		Bur.	Plag.
the fields	185	143	Lambeth Parish	4		St Mary Islington	3	1
arish	2		St Leonard Shoreditch	5		St Mary Whitechappel	26	
Clerkenwel	13	8	St Magdalen Bermondsey	6		Rothorith Parish	1	
ar the Tower	6		St Mary Newington	3		Stepney Parish	37	1

Buried in the 12 *out Parishes in* Middlesex *and* Surrey — 291 *Plague* — 153.

	Bur.	Plag.		Bur.	Plag.		Bur.	Plag.
Danes	28	16	St Martin in the fields	46	11	St Margaret Westminster	38	26
vent Garden	5	2	St Mary Savoy	2		*Whereof at the* Pesthouse		4

Buried in the 5 *Parishes in the City and Liberties of* Westminster — 119 *Plague* — 55

蒙·哈雷。这些人在伦敦的咖啡馆里以小组形式一起工作，并且开创了后来的保险业。保险业某种意义上可以理解为保险公司对“客户的未来”的一种赌博。为了设置合理的保险费和理赔费，保险公司需要预测在复杂的未来客户将生死几何。

咖啡馆

1650年，英国开设了第一家咖啡馆，并且成为很受欢迎的会议场所。人们会来这里讨论政治、哲学，甚至从事商业活动。

从这开始，预测从猜想或者定期重复的模式（例如季节）转变成从统计角度利用概率和假设分析随机性来获得未来的某些真实面。

但还需要经过一段时间，我们最熟悉的预测项目才会出现在人们的视野。这就是我们很多人每天都会去查看的预测：天气预报。

下雨还是晴空万里

气象学一直是争论的焦点，仿佛是剧烈的大气波动在试图研究它们的人的头脑中引起共鸣。

——约瑟夫·亨利（1797—1878）

无论什么天气

我们对季节的预测至少可以追溯到巨石阵，而它的第一部分大约5000年前就已经出现了。但这种预测只是对未来几个月的一个宽泛的概述。农民、水手和其他生活受天气影响的人真正想知道的是明天、接下来几天的情况。假设你明天需要长途旅行，那么旅途中会遇到倾盆大雨吗？如果未来几天不收割庄稼，会不会受到雨水的破坏？传统的预测就像传统的医学，二者都是人们基于错误认识和民间观察的一定数量的统计归纳所获得的有效性观察结果的集合。

其中一个观察结果便是古老的俚语“夜晚红天，令牧羊人高兴；早晨红天，对牧羊人的警告”。这则俚语描述的是牧羊人高兴是因为在期待第二天的好天气。一些民间的天气预测并没有严谨的依据，但却有一定意义。

早期的气象站

设有自动风速计的1880年气象站，可记录风速及风向

红色的天空往往与相对较高的气压相联系，较高气压能更好地使大气中的粒子聚集，从而散射太阳光中的红光。晚上的高压进入一个地区，往往会为第二天带来相对好的天气。相比之下，早上出现的高气压后续有可能会消失，从而导致天气恶化。

长期的传统天气预报技术往往缺乏现实依据。很多都是基于动物或树木的行为，人们通常假定它们更适应自然循环，并且能够对我们看不见的事情做出反应——例如，人们认为秋天树木结出更多的浆果，预示着一个更为寒冷的冬天。但这种错误的逻辑没有任何证据支持，因为树木没有办法告诉你几个月后会发生什么。同样的道理也适用于更现代的美国土拨鼠日传统。据说根据土拨鼠对它影子的反应能预测接下来六个星期的天气。但事实上，土拨鼠的预报并不比抛一枚硬币好多少，它的行为只是随机事件。

气压计最早发明于17世纪，并于19世纪晚期在家庭中流行起来，那时人们更清楚地意识到大气压力可能是天气变化的指示。也是在这个时候，现在概念的天气预报的早期形式出现了。人们将从各地气象站收集到的数据和电报结合起来，将这些数据集中在一个中心，从而尝试对一个地区或国家进行大范围的预报。

19世纪50年代，弗朗西斯·博福特和罗伯特·菲茨罗伊首次为英国海军尝试了正式的天气预报（在查尔斯·达尔文著名的航行中，后者更广为人知的身份是小猎犬号的船长）。第一份公开的天气预报于1861年发表在伦敦的《泰晤士报》上，而首次发布天气图则是在1875年。几十年间，这种基于对大气压力、降雨、风向和强度的观测和预报都是相当科学的。20世纪20年代的气象学是一门数值科学，打破了大气的三维空间，通过分析小区域，预测天气随着时间的推移而发展。

尽管在天气预报方面投入了大量的时间、精力和资金，结果经常还是

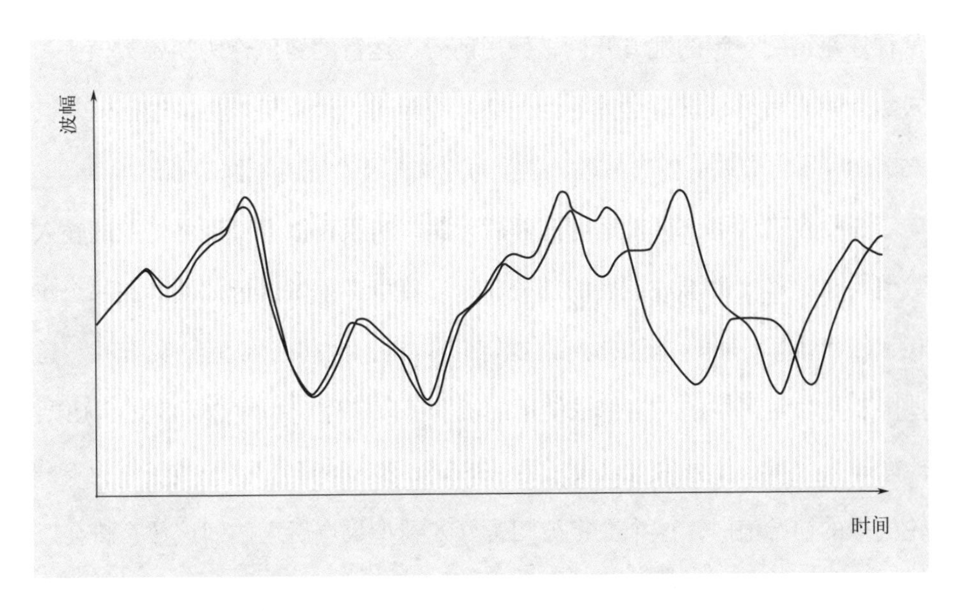

不同气候模式

洛伦兹1961年的打印结果显示，这两台计算机所预测的热交换和大气流动的天气模式差异变得越来越大

不准确的。经过了四十年人们才意识到原因。在20世纪60年代，早期的计算机天气模拟将揭示混沌的真实本质。

偷工减料

模拟是计算机最早的应用之一，用方程来产生一个不断随时间演化的数字序列，以试图反映真实世界的某些方面，这里不仅包括核弹爆炸，也包括天气变化。1961年，麻省理工学院的美国气象学家爱德华·洛伦兹使用一台非常基础的小型计算机（大约是一台洗衣机的大小）建立模型并模拟天气，利用有限信息推算温度和风速等。

由于计算机运行速度很慢，模拟又涉及大量计算，需要运行很长时间。当洛伦兹想要扩展对特定天气模式的研究时，他觉得与其从头开始，不如从程序进行到一半的地方开始，使用前一次运行的数值作为初始数值并引入额外因素后继续进行运算。当他继续模拟时，计算机产生的输出值与其之前运算所得的数值相去甚远，甚至可以说是一个完全不同的预测。

在检查确认了计算机运行正常后，偏离的原因被追踪到洛伦兹的输入数值。在处理实数小数点后的部分时，计算机必须做出近似值。在那个年代，任何计算机能够处理的小数位数都有限制，尤其在20世纪60年代，这些限制是非常严格的。洛伦兹使用的机器可以工作到小数点后6位。所以，比如一个数字在计算中可以表示为1.385 262，但当利用这个数值作为下一轮模拟的初始值时，这个数字被四舍五入到小数点后三位即该数字将会以1.385的数值作为输出。这很合理，因为与现实相比，任何模拟中的精度都是虚假的；而气象数据也永远不会像真正的天气那样详细。

小数位数

在小数点后出现的值的个数。例如，3.142是圆周率小数点后3位，而3.14157是圆周率小数点后5位。

这似乎是一种疏忽，但科学家们总是对精度保持警惕。如果你的仪器不能达到实际实验中的精确度，那么把一个数字精确到小数点后很多位是没有意义的。如果一个数字指定的小数位数比可以测量的多，它似乎暗示着人们对它的了解比实际情况要多。当然，这个例子并不意味着电脑工作到小数点后6位是错误的——通常在计算中，小数点后位数越多越好，但只显示三位通常是非常合理的情况。

经过反复运行，很明显，用来模拟的数值的微小变化都会导致非常明显的偏差。这当然不是一个真正的天气系统——这个模拟远没有那么复杂——但即使在这个简化的例子中，显然已经有些令人吃惊的东西发生了。

洛伦兹发现了数学混沌的原理。虽然之前的例子，如三体问题，已经显示了对有几个相互作用的组成部分的系统进行预测是困难的，混沌理论将这些观测形式转化为一个在现实中非常普遍的数学方式。这将对天气预报行业产生重要的影响。

天气系统

天气主要是由两个巨大的流体系统——地球的大气和海洋——与固体的大陆相互作用决定的。传统的天气是根据大气来定义的，而大气是天气模型的核心，但不包括海洋和陆地（包括建筑环境的影响），那么就不能期待它能有效地预测天气。

我们可以从众多海洋活动的影响中看到这一点，譬如墨西哥湾流。这种现象的存在意味着欧洲的西北部比其他地区高16 ℉（9℃），这里的气候应该更像西伯利亚。墨西哥湾流这个名字让它听起来像一条流动的河流，但实际上是一个类似循环传送带的天气现象。北大西洋吹过的风使本已寒冷的海水更加冰冷，它持续下沉并从一个较低的水平面上流向赤道。与此同时，墨西哥湾海面上的海水被太阳持续加热，温暖的海水一直向北回流到较低水平面的冷水中进行补偿。这个过程在技术上被称为热盐环流，大量的热量从热带输送到北纬高纬度地区。在2004年的电影《后天》（*The Day After Tomorrow*）中，这个“北大西洋输送带”的崩溃被戏剧化地描绘出来。但所描绘的场景并不真实，因为一切都发生得太快了，之前并没有迹象表明输送带会完全停止，但是这个潜在的概念并非完全虚构。

热盐

海洋学术语，指海水的温度和含盐量。

有证据表明气候变化的副作用会使输送带的速度减慢。随着淡水越来越多地从融化的冰原进入海洋，本应潜入海洋并向南流去的冷水的密度降低了（淡水比海水密度小）。其结果便是减小了输送带的驱动力。所以，在《后天》里的情景并不是纯粹的幻想。

不过，与电影中的事件不同的是，虽然这种放缓很可能会发生，但这是一个非常渐进的过程——墨西哥湾流的强度减少大约25%可能需要100年的时间——其影响将会平衡全球变暖现象。这甚至可能对西北欧来说是一件好事：这样的变化将意味着这个地区受全球变暖的影响要比世界上的其他地方小得多。

墨西哥湾流只是造成天气复杂的原因之一。当不同的成分相互作用时，这一结果使万有引力三体问题的复杂程度看起来完全微不足道。我们显然无法研究大气中的单独原子，复杂的天气系统使得它成为研究混沌理论的天然场所。无论我们是否同意天气预报的预测内容，天气引发的争论远不及一个相关的重要议题：预测未来的气候。

大局观

蝴蝶在巴西扇动翅膀会在得克萨斯州引发龙卷风吗？

——*爱德华·洛伦兹*（1917—2008）

气候问题

天气是我们每天亲身经历的，气候则是天气跨越时间和空间的整体模式，它让我们有了全局观。正如马克·吐温所说：“气候是我们的期待，天气则是我们的获得。”很多人就是因为没有区分气候和天气从而误解了气候变化。他们会经历恶劣的天气或是特别寒冷的冬天，然后得出显然不存在全球变暖的结论。

事实是，气候正在发生的变化，例如全球平均气温变暖是全球作为一个整体的变化，但在某个特定的时间和空间点，我们并不会直接感受到那个平均值的变化。我们的个人经验总是与天气有关，而不是与气候有关，所以使得人们很容易低估全球变暖威胁的真正意思。温度上升几摄氏度听起来就好像微不足道，毕竟夏季和冬季的温度之间相差几十摄氏度。全球变暖的预测听起来并不那么耸人听闻，但那是因为它描述的是一个平均值，反映在特定的地点和时间可能会出现的极端高温或低温。

气候变化不是什么新鲜事。事实上，这是非常自然的。气候在地球存在的45亿年里一直在变化。回溯到已知的最早有生命迹象的那个时期，大约是37亿年前，当时的环境非常炎热，远甚于目前对气候变化最可怕的预测——气温比现在高出18℉（10℃）左右。

从那时到现在，气温一直稳定在相对较冷的状态。以地球到目前的寿命来看，它至少经历了四个主要的冰河时期。这些时期是由于极地冰盖向大陆延伸的距离比现在远得多，因此极大地改变了环境。随着冰盖的侵蚀，除了极地冰盖的重量和厚度对环境造成的损坏以及生命在高纬度地区难以继续生存，全球气温也下降了18℉（10℃）。

严格来说，我们仍然处于冰河时代（被称为上新世-第四纪），这是地球气候在250万年前开始的一个阶段。随着冰河时代的发展，会有冰期（冰盖向外延伸）和间冰期（冰盖逐渐缩小），在过去我们经历了大约11 000年的间冰期。在这段时间里（这并不是巧合，这是时间框架中所有伟大的人类文明诞生的阶段），生活在地球上已经开始变得相对容易了。

上新世-第四纪

"第四纪"是指我们目前所处的地质时期，可以追溯到大约250万年前；而"上新世"是指紧挨着第四纪之前的时代（世为纪的细分）。

如果没有人类的干扰，间冰期预计会在1 000到25 000年后结束，然后我们又将回到冰天雪地。加拿大大部分地区、美国北部和北欧会再次被冰层覆盖。这时就看到了全球变暖的好处，人类出现带来的日常活动显然已经做了足够的准备来阻止下一个冰河时期发生。（在这么多值得警惕的头条新闻中，要记住，变暖本身并不完全是坏事。）

人类的影响

你有时会听到有人担心气候变化和人类对它的影响，从而声明我们需要"拯救地球"。这个行星，这些岩石，是美好的。我们抛给地球的任何东西，它都能在一到两百万年内分解掉，这些时间只是地球生命的很短的一部分。我们想做的不是拯救地球，而是拯救地球上的生命，尤其是拯救我们的文明，或者至少是保护人类的存在。人类的生存比地球的未来更脆弱，更受气候变化的影响。

为了做到这一点，一定要采取一些行动。其中一个很好的证据说服了世界各地的绝大多数科学家，认为人类活动在过去150年内对气候变化产生了重大影响。主要是通过增加温室气体浓度，这些气体来自农业、工业、家庭和交通，我们对气候的影响已经毋庸置疑。从20世纪60年代开始，全球变暖的速度加快了。在1906年至2005年期间，全球平均气温上升了1.26 ℉（0.74℃），而下半个世纪的涨幅可能要比上半个世纪大得多。

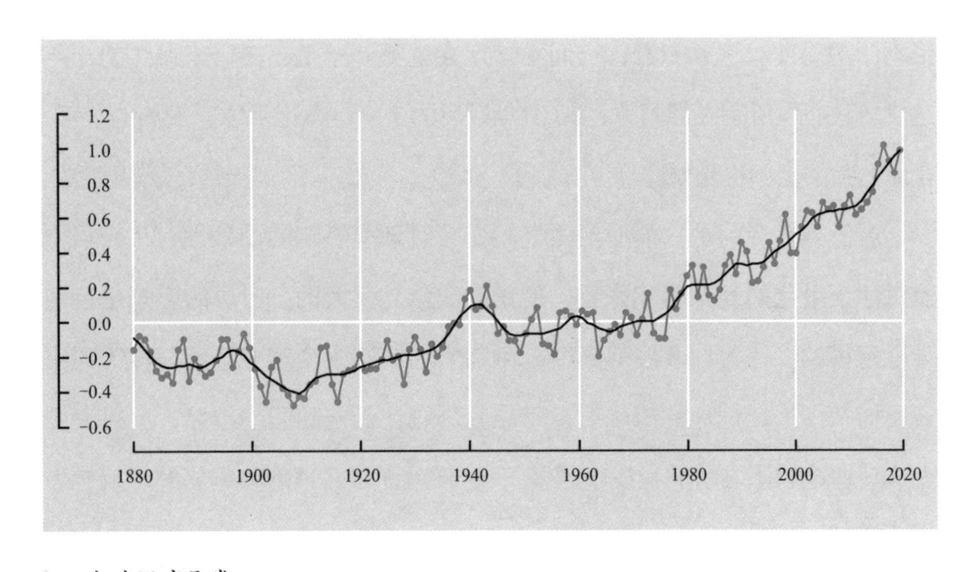

全球温度异常

各年与1951—1980年平均温度的差异，以摄氏度为单位。黑线是取5年平均值画出的平滑曲线

你可以看到气候变化的影响，科学家们称之为全球温度异常。这反映了温度的测量方式。大家通常问的是整个星球的平均温度的变化，但你如何计算出像地球这样一个巨大的天体，在任何时间都有如此变化的平均温度呢？实际上是不可能计算出对整个世界有意义的平均温度。更重要的是，地球表面没有足够分布的气象站来记录实现这一目标所需的测量。

气候科学家使用的温度值不是绝对值，而是一个相对变化，他们称之为温度异常（通常被解释为出现的奇怪温度，“异常”在这里指的是变化）。为了发现异常现象，气候科学家比较了同一气象站在特定时期的温度平均值和长期的温度平均值。通过这种方式，任何平均温度的变化（异常）会很明显地从其他数据中跳脱出来。

由于气候监测机构遍布世界各地，所以平均温度的对比有着一定的差异。因为异常的大小取决于用于比较的长期周期，而一些组织已经决定使用不同的周期。这意味着，它们不一定会就哪一年是有史以来最热的一年达成一致，但所有人都同意，2010年以后的十年是有记录以来最热的十年，在此之前的十年也是如此。

更值得怀疑的是，模型预测气候变暖对环境影响的准确性，从云层覆盖对冰层融化的复杂影响来看，变量的数量是巨大的。云层的影响是特别难以建模的，因为，云层的高度，可以增加或减少全球变暖的程度（高空云层捕获了来自地球的热辐射，防止其逃脱；低空的云层越厚，反射太阳光线到达地球比之前的光线就越多），这样就无法合理地将它们的影响构建到计算机模型中。

也就是说，最好的模型在“预测”过去方面相当有效——当使用早期数据时，它们与发生在过去的100年里已经存在的数据相当匹配，因此有较好的机会可以预测未来。几乎毋庸置疑的是气候变暖与人类因素有关。不同模型之间唯一的分歧是人类对全球温度升高的作用到底有多快。比如天气模型、气候模型利用多次运行来观察它们对变量的敏感程度，但对于混沌系统来说，则只需要关心整体，不需要关注影响天气的各组成部分的详细相互作用。

气候预报告诉我们，相对较小的全球气温变化会对人们的日常生活有巨大的影响。但与爱德华·洛伦兹对混沌研究的另一个主要贡献——蝴蝶效应——相比，结果的放大是微不足道的。

蝴蝶效应

我们大多数人都熟悉洛伦兹最初演讲题目的另一种表达形式：“一只蝴蝶在巴西扇动翅膀，会引发得克萨斯州的龙卷风吗？”这个说法让蝴蝶效应这个概念为人所熟知。这个想法很简单。混沌理论告诉我们，初始条件的微小变化会导致结果发生很大的变化。这种变化就像昆虫扇动翅膀一样微小，但会导致像龙卷风那样巨大的后果吗？会导致数千英里外的灾难吗？

人们往往忘记洛伦兹对这个问题的答案是“不”。这里说的是小，而且非常小。与蝴蝶扇动翅膀产生的气流相比，天气系统的小东西仍然很大。如此微小的输入在一个复杂的系统中通常会被减弱，其影响会慢慢衰退而不是放大。因此，龙卷风作为一种局部天气，受到的远距离影响较为有限。然而，洛伦兹关于微小差异会产生巨大结果的基本概念并没有错。

尽管有些夸张，“蝴蝶效应”依然存在并且有效地为大家提醒了混沌的核心思想，那就是最初的微小差异可能会导致巨大的变化。这是我们应该意识到的，因为日常生活中经常发生这样的事。1998年的电影《双面情人》提供了一个很好的例子。电影中的主角有两种截然不同的潜在未来，取决于她是否能赶上某趟伦敦地铁。我们生命中都有非常小的事情会对后来的结果有着巨大影响，至少就这一点而言，把你的生活描述成是一种混沌形式并不是没有道理的。

洛伦兹后来声称那次演讲的题目，是他自己实在想不出题目的时候，一个同事杜撰出来的。如果不从字面上理解，这个题目是一个具有挑衅性的提醒。同样值得注意的是，尽管天气是一个混沌系统，洛伦兹最初研究的问题不是天气本身的混沌，而是天气的计算机模型中存在的混沌问题。有时，天气预报准确性的问题是由预测系统的混沌性造成，并不一定反映的是天气系统本身的混沌性。幸运的是，有一种方法可以帮助处理预测和天气本身各自存在的混沌问题。

转变的气象学

人们从不关注天气预报；我相信，这是人类生活中一种不变的心理因素，可能源于对远古巫师的不信任。你希望他们是错的。如果他们是对的，那么在某种程度上他们更有优越感，你却感觉更加难受。

——罗杰·泽拉兹尼（1937—1995）

忘记长期

自从天气预报首次发布以来，我们与它的关系一直处在很紧张的状态。因为从历史来看，这些预报往往都错了。这里有英国一个著名的例子。1987年10月15日晚上，电视气象学家迈克尔·菲什给出了一个令人安心的预测，他说："今日早些时候，有个女人打电话给BBC说她听说会有一场飓风。好吧，如果你去观察，那么不用担心，没有飓风来袭。"但几个小时后，英国大部分地区遭受了三年来最严重的风暴袭击，导致18人死亡，估计至少有1500万棵树被刮倒，很多车辆、财产、基础设施以及野生动物都受到破坏或伤害。

菲什错误的预报是一个极端的例子，但当时天气预报的不准确经常成为被人取笑的对象。从20世纪80年代开始，五日内天气预报的准确性就有所改善了；但奇怪的是，尽管我们知道了洛伦兹的发现，但也许是因为我们对未来的渴求太过强烈，对天气的长期预测现在仍然屡见不鲜。从洛伦兹的工作中，我们清楚地发现，人们永远不可能有效地预报超过10天的天气。下次当你提前几个月听到这个夏天会特别热，或者在冬天会有大雪时，你要明白，这种限定在一年中特定时间和特定地方的简单预报明显比基于混沌系统的长期预测更准确。

一旦洛伦兹理解了混沌的影响，他立刻意识到长期预测是多么的荒谬。

他评论道：

“不管怎样，我们肯定没有成功，而且现在我们有了一个借口。我认为，人们之所以认为有可能预测遥远未来的天气，是因为有一些真实的物理现象是我们可以完美预测的。比如日食，日食中太阳、月球和地球的动态是相当复杂的。又比如海洋潮汐，潮汐其实也是像大气一样复杂的系统。但两者都具有周期性，所以你可以清楚地预测明年夏天一定会比冬天暖和。但对于天气，我们习惯用我们已经知道的常识去判定。对于潮汐而言，我们感兴趣的是可预测的部分，而不可预测的部分其实很小，除非有突然的暴风雨存在。”

退潮，俄勒冈州

与天气不同的是，潮汐系统的周期性行为每天发生两次，这使得它更有预测价值

整体解决方案

在20世纪末，计算机参与天气预报的方式发生了巨大的变化。这将允许未来24小时至5天的天气预报有更大的精度。早期的计算机预测只是对未来的情况做出一个简单的预测。预测者会运行这个模型，然后输出，描述未来天气系统的演变。问题是，就像我们现在知道的，天气系统很大程度上依赖于精确的初始条件，所以任何特定的预测都极有可能是错的。

现在，有了更强大的计算能力，气象学家多次运行一个模型，每次都有着很微妙的不同变化，这反映了数据中的不确定性以及天气将如何演变。例如，位于英格兰雷丁镇的欧洲中期天气预报研究中心（ECMWF）通常被认为是世界上最好的能够进行这样的“整体”预测的机构。他们每天用超级计算机做51次预测，每一次的参数都略有变化。其结果会被分组，那些具有相似结果的预测通常会被认定为最有可能的。

超级计算机

大型专业计算机，通常使用数千个处理器来实现广泛用于天气预报的极快速计算。

这种整体方法意味着可以更好地了解不同天气事件发生的可能性，这就是为什么概率（例如，11点到中午之间有40%的概率有雨）开始出现在天气预报上。概率虽然可能会引起一些困惑：这个预报没有说明有40%的地方会下雨，还是有40%的时间会下雨。这实际上意味着40%的模型运行后预测这个地区在这个时间段会下雨。出于某种原因，基于百分比的预测早些时候在美国开始流行。而在英国，预测者认为公众不喜欢概率，需要明确预报即将到来的天气。然而，现在这样的预测方式仍然很普遍。

由于有了更好的模型和整体预测，天气预报的革命悄然发生了。就在

30年前，预测还总是错的比对的多。今天，短期预测已经变得很可靠了。而我们已经习惯了这种悄然变化，当天气预报错误时，我们仍然会不停抱怨——但是在引入整体预报之后我们逐渐抱怨得比以前少得多。多亏结合了优秀的卫星观测和现代化的预测方法和技术，通常可以准确无误地预报24小时内的天气变化，并有效预测未来3 ~ 5天的天气，但任何超过这个时间的预报都变得比学术性臆测强不了多少。

长期预测更像是一种黑暗艺术而不是一门科学，因为在很长一段时间里，其变化的潜力是如此之大。许多长期预测，不管涉及的计算能力有多强大，结果依然很糟糕。我们大多数人都热切地期待着一个美妙的夏天，却发现天气完全不是预测的那样。长期预测似乎更有可能错的比对的多。

在某种程度上，这种无法准确预测的原因是长期预测只能给出大致的情况，而且当地的天气可能与全国的平均天气有很大的不同。但正如我们所见，把像天气这样的混沌系统进行遥远的未来预测是几乎不可能正确的。记住，“一年中在这个时段的天气情况”是我们能达到的最好的预测，但是过去二十年里，我们对普遍天气情况的理解逐渐有所改善。因为我们现在对大规模、长期天气模型有着更好的理解，比如厄尔尼诺——作为长期气候周期的一部分，它借助太平洋中部的暖流异常地向东朝南美洲移动，能够影响一个大地区整个季节的天气。

天气预报由此应运而生成为研究混沌的一门数学学科。随着时间的推移，探索混沌的本质会揭示出这个令人着迷的领域中的新奇和怪异之处。那就是混沌会神奇般地产生平静。

第四章

奇异吸引子与测不准的长度

岛屿和吸引力

艺术即是在混沌之中寻求宁静。

——索尔·贝娄（1915—2005）

混沌中的宁静

混沌系统的失控是如此之快，以至于我们往往有这样的感觉：混沌一旦开始，混乱就不可避免地持续下去。但实际上，真正的混沌系统能够从看似混乱的状态中变得有序。或许最明显的例子还是天气，比如疾风骤雨突然消失得无影无踪。

这种简单混沌系统被称为“周期倍减分岔”。通俗来讲，这种现象指混沌系统会经历一系列二元选择，但是每次选择的时间都在缩短，最终导致混乱平息。奇怪的是，更常见的是“倍周期分岔”，虽然每次加倍之间的时间都会减少，但系统重复之前的事件数量加倍。尽管这个系统处于混沌之中，但是每个事件之间的间隔变得越来越短，直至系统的变化变得近似连续，那么此时该系统与平滑稳定的系统也就没有区别了。

该系统的一个常见例子是水龙头滴水。当水量很少时，每个水滴都一样。当滴水量缓慢增加时，会出现两种不同的水滴：水滴1，水滴2，水滴1，水滴2……再加一点水，那么这两种水滴各自再分成两种，那么我们就会看到：水滴1，水滴2，水滴3，水滴4，水滴1……

以此类推，当水量足够大，水滴便汇成水流。各种系统都会经历这种行为，例如自然界中的血细胞生成，猎手与猎物之间的交互，或者物理学中的电子振荡相互作用。以上列举的系统都可以用相对简单的方程描述。

值得注意的是，正如美国物理学家米切尔·费根鲍姆所说，用来

水龙头的滴水

水滴不是均匀稳定地下落，而是周期性的倍增

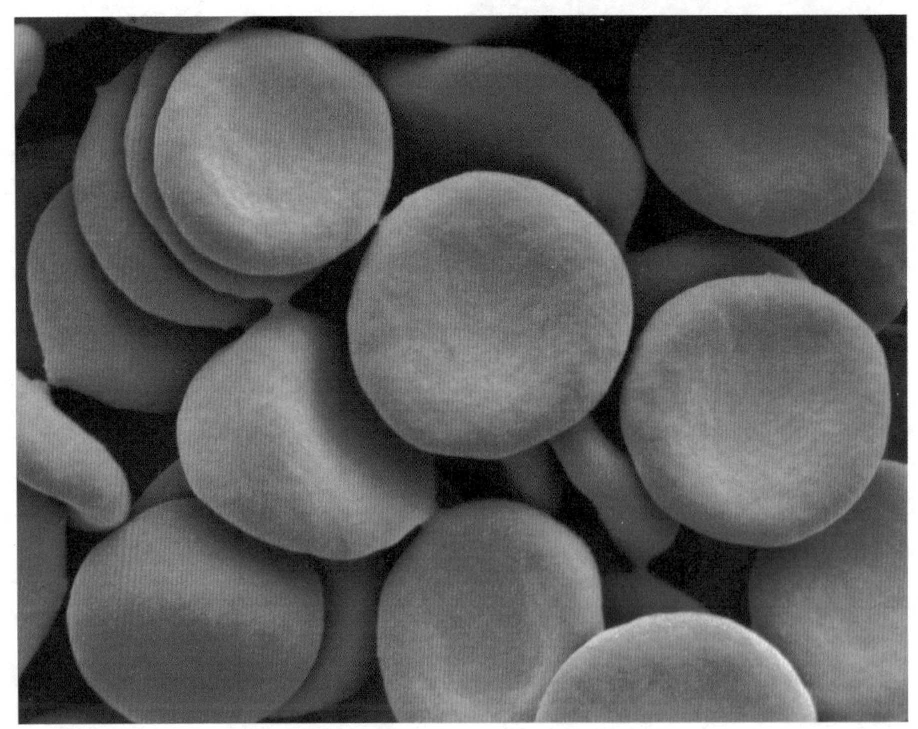

红细胞

通过扫描电子显微镜我们可以看到，这些细胞的寿命虽然只有短短几个月，但是却持续地发生着新陈代谢，这就是一个周期加倍的过程

描述系统的方程其实并不重要。所有这些周期加倍系统似乎都隐含一个普适常量。每次系统的可能状态的数目倍增时，这个影响因子都在暗中驱动其他因素（温度、水压或者其他变量）发生每次更小的变化。每次变化量都是前一次的1/4.669。自然界中存在着一系列普适常数，比如π，又或者近似于0.2142的“费根鲍姆数”。

平静之中的混沌

当一些非混沌系统处于压力之下，往往也会产生与前文近乎镜像的现象。我们往往认为这些系统会处于稳态，但是环境的骤变会直接导致它们变得混乱。其实历史上第一次被称为“混沌”的并不是洛伦兹的天气观测（他当时用了一个并不吸引人的标题“确定性非周期流体”），而是澳大利亚生物学家罗伯特·梅后来对动物种群的研究（详见第六章）。

梅惊讶地发现，增长速度过快的族群规模会出现混乱的增减，于是他开始在自然界中寻找混沌的其他影响。首先被意外发现的是在传染病领域，感染人数会有巨大的波动，这也是他首次有机会应用混沌数学。

梅发现，就像增长速度过快的族群规模会变得混乱一样，当疾病传播遇上骤变的因素，感染规模也会变得混乱。这种骤变就包括疫苗的影响。常识告诉我们，当疫苗开始大规模接种之后，患者人数就会急剧减少，直到局势稳定。然而，混沌数学却清楚地告诉我们，感染率在稳定降低之前，会先经历混乱的波动。

这意味着，在疫苗开始接种后，患者人数可能会反直觉地上升。如果没有混沌理论，医生们可能会认为疫苗压根没用，甚至会认为疫苗含有病原体，会感染患者。当人们了解了混沌数学之后，并不意味着他们就能预测接下来会发生什么——但是他们的确能够在事后理解一些反常的混沌现象。正因为这样，一些有效的手段在彻底发挥作用之前就不会被轻易否定。

不可思议的吸引力

尽管混沌看似毫无规律，但事实上混沌系统经常会表现出一些内在结构，或者在最初的混乱之后，大量的初始点最终会归于相同或类似的状态——这种现象被称为“吸引子”。

一个物理学例子就是一个平面上有一处凹陷：如果小球相对缓慢地滚过平面，它们最终都会在摩擦力的作用下停在平面上某处。但是任何经过凹陷边缘处的球——无论滚向哪个方向——都会滑向凹陷处，这些小球最终都可能会聚集在凹陷底部。此处平面上的凹陷就是一个吸引子，而吸引力便是重力。其他的力也能发挥这样的作用，比如，磁铁就会吸引钢珠。

混沌理论中有一种特别的吸引子，被神秘地命名为奇异吸引子。这种吸引子有相似的多个部分——即形式是分形的（或者说在大多数合适的时候都是分形的）。“奇异吸引子”这个术语由比利时物理学家大卫·鲁勒和荷兰数学家弗洛里斯·塔肯斯在一篇关于湍流的论文中首次使用。

分形

一种数学推导来的形状，其局部在视觉上与整体相似。在自然界中常见，例如植物、云和海岸线。

相空间的奇异世界

数学能够将物理抽象概念诠释为看得见摸得着的心理图像，但是这些图像与生活常识相去甚远。比如，一位数学家可以用54维的相空间中不可压缩流体的流线来描述太阳系的行星运动。

——尤里·马宁（1937— ）

走进相空间

为了理解吸引子（以及其他许多用来表示混沌的图像）通常是如何表

示的，我们需要前往被称为相空间的地方。数学家和物理学家经常用假想数学模型来描述现实世界中发生的事。比如，你可以用维度来描述现实世界中可能发生的一切改变，这些维度指的是客观对象的各种属性的可能值，而非我们常认为的空间维度。

我们可以用我们熟悉的钟摆作为例子。它在现实世界的运动只是左右摇摆。但是有很多方法来将这个运动投影到数学空间。一个在物理学中熟悉并且经常使用的方法是，用一维表示钟摆在空间中的位置，另一维表示钟摆在时间中的位置。严格地说，这样的表述应该是四维的，包括了空间三维和时间一维——这对数学家来说没有问题，毕竟再多维度对他们来说也是常事。然而，为了简单起见，我们通常可以忽略两个空间维度，而一个基本的钟摆的运动可以通过简单地记录摆锤随着时间的推移，从左到右的摆动位置来描述。

其结果是产生正弦波——一种常见的曲线，它随时间前进时左右摆动。但这并不是数学中的唯一描述方式。“相空间”通过给这个“空间”的各个维度分配现实系统的各个属性，尽可能地表示系统的状态。一般的，二维相空间被用来表示位置和动量（动量：质量乘以速度），这是运动系统中的两个关键物理度量。相对应的，相空间图上的每一点都代表了系统在某一时刻的位置和动量的值。举个例子，钟摆的相空间图上可以画出钟摆在空间中每个位置所对应的动量。当钟摆改变方向和位置时，动量和位置都连续地发生正负变化。（由于钟摆质量不改变，所以动量只随速度变化，而速度可以定义成从左到右为正，从右到左为负。）这样画出来的结果是一个椭圆形的相空间图，虽然通常我们会选择适当的坐标单位，来把它画成圆形。

在实践中，许多相空间图需要两个以上的维度，因为需要更多的参数来表示正在发生的事情。如果只有三个维度，我们还可以合理地绘制出可视化的图像。但当维度有三个以上时画图就麻烦了。增加一个额外维度的一种方法是使用颜色——根据点在光谱中的位置给点增加一个额外维度。这样可以画出格外美丽的图像。

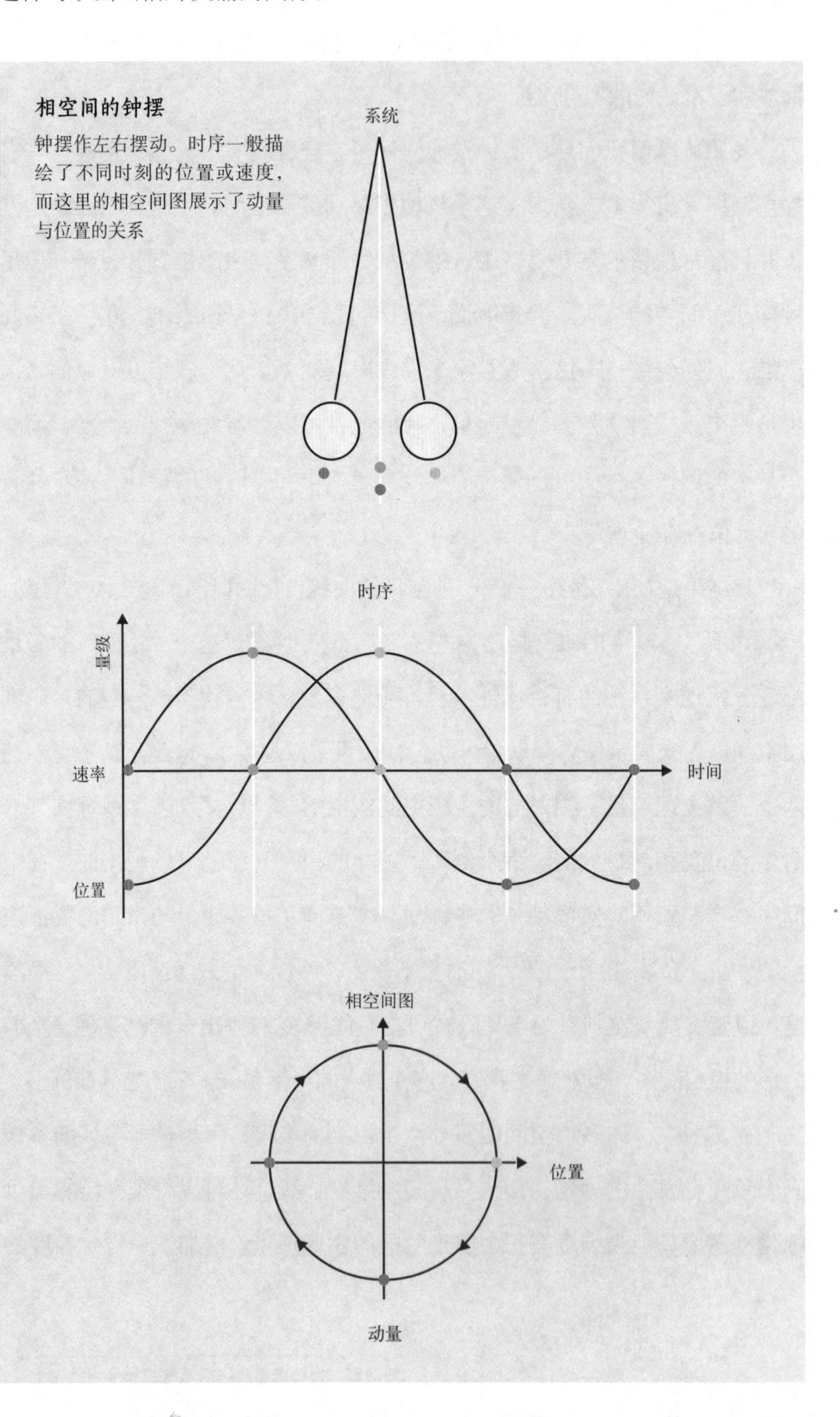

相空间的钟摆

钟摆作左右摆动。时序一般描绘了不同时刻的位置或速度，而这里的相空间图展示了动量与位置的关系

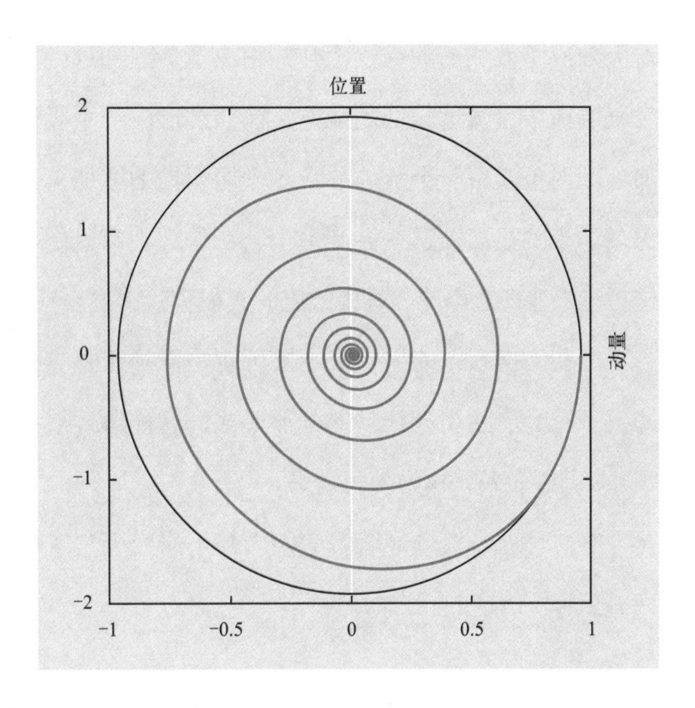

实摆相空间图

一个真正的钟摆会逐渐失去动量，而在相空间中呈现出一个在中心有吸引子的相空间图

同样的，在实践中，对于大多数混沌系统的相空间图，三个维度并不是直接展示成一个三维视图，而是一个映射的平面投影，就像在世界地图上把地球的三维球面投影到一个平面上一样。尽管我们倾向于使用一种熟悉的映射，但其实还有许多其他的可能性——类似地，描述混沌所使用的相空间图往往是三维结构中的一个特定切片，而它只代表了许多可能的映射之一。

吸引子中也藏着蝴蝶

当一个系统有一个或多个奇异吸引子时，系统不会规律地向它们移动，就像慢摆的情况一样。相反，相空间中奇异吸引子的存在意味着有一条不会重复经过同一点的复杂路径。如果它真的重新经过了一个点，那就意味着它就会稳定下来，并规律地重复之前的运动。而事实上，在相空间中有无限细微的变化。就像科赫雪花（Koch snowflake）（见下文）导致了分形的想法，相空间图有无限的长度，但空间上只占据了有限的面积。

也许最著名的奇异吸引子要属洛伦兹吸引子，它来源于洛伦兹为大气对流效应（被加热的空气上升并将热量传递到远处）发展的一个模型。在空气湍流中，流速较低的地方，往往会形成一个吸引子。而当气流变得更加紊乱时（随着一个流体参数——瑞利数的增加），往往会有两个吸引子。通过适当的投影，这些会产生一个在外观上有点像蝴蝶的相空间结构——这对于那些怀念洛伦兹蝴蝶效应的人很有吸引力。

一些动态系统的另一个结果可能是奇异斥力点而非吸引力点，在某些情况下它会产生引人注目的分形形式，这种形式被人们以法国数学家加斯顿•朱莉娅命名，称为朱莉娅集。

然而，这一领域最著名的人物并不研究天气或抽象数学，而是通过研究棉花市场价格的行为而出名。

自相似性

地理曲线的细节是如此复杂，以至于它们的长度往往是无限的，或者更确切地说，是无法确定的。然而，许多曲线在统计上是“自相似的”，这意味着每一部分都可以被看作是整体的缩小版。

——*伯努瓦·曼德勃罗*（1924—2010）

棉花的价格分布

20世纪60年代，在波兰出生的法裔美国数学家伯努瓦·曼德勃罗对金融市场活动，尤其是棉花的价格进行了研究。当时经济学的一般性假设（看似合理）是，你会看到商品价格受主要外部因素（例如经济、技术、金融危机、战争和时尚趋势）的长期影响和短期随机波动的混合影响。它遵循我们之前遇到的钟形正态分布（价格围绕长期价值进行短期波动）。然而事实上，市场的表现却不尽如此。

洛伦兹吸引子

由爱德华·洛伦兹发现的这个典型混沌吸引子的相空间投影，恰似一只蝴蝶

这种不寻常首先是由荷兰裔美国经济学家亨德里克·胡萨克发现的。曼德勃罗在胡萨克邀请他做演讲时引用了这句话。因为棉花市场有悠久的历史，所以曼德勃罗能够积累大量数据，这些数据甚至可以追溯到一百多年前。正是由于混沌系统中典型的意外波动，导致其缺乏短期规律。数据

的缺乏可能会导致极具误导性的结论。而身为数学家的曼德勃罗有幸避免了前文提到的经济学家固有的思维定式——关于经济受外部长期趋势影响和短期噪声共同驱动的共识。

噪声

我们通常用这个词描述令人讨厌或不愉悦的声音，但是对于数学家、经济学家和工程师们而言，噪声是以一系列值来形容不可预测的背景变化。

曼德勃罗发现棉花价格的一种行为更接近莱维（Levy）分布，而非正态分布。莱维分布在发热材料发出的光频率中十分常见；它有一个非常陡峭的非中心峰值，这代表着，少量的剧烈偏差值会对结果产生重大的影响。之前的经济学家把这些随机波动当作可以忽视的噪声，认为它们并不会对系统本身产生什么重大影响。然而，曼德勃罗意识到这些“噪声”，特别是这些突然的陡峰，其实反映了系统的根本规律。

更重要的是，由于他拥有大量的可用数据，相对于实际的价格，曼德勃罗能够观察到价格变化的一个特别奇怪的方面——这将被证明是典型的混乱系统。当他观察一个价格变化区间的整体形状时，无论区间是短是长，看起来几乎是相同的。用术语来说，价格变化的曲线是“自相似的”。你可以把月变化曲线和天变化曲线叠加在一起，它们几乎是重合的。而那些让经济学家如此兴奋的外部影响因素对价格趋势几乎没有产生任何影响。

其实混乱的价格波动体系还是有内在规律和结构的，而这个系统也揭示了那些控制着金融市场的因素的混沌本质。正如我们经常会发现的，这规律并不是可以用来预测股票市场走向的魔法。这种鲜为人知的模式并不能让任何人提前买卖股票来赚大钱，但它的确向我们展示出了价格系统的真实面目，而与经济学家们的假设是完全不同的。

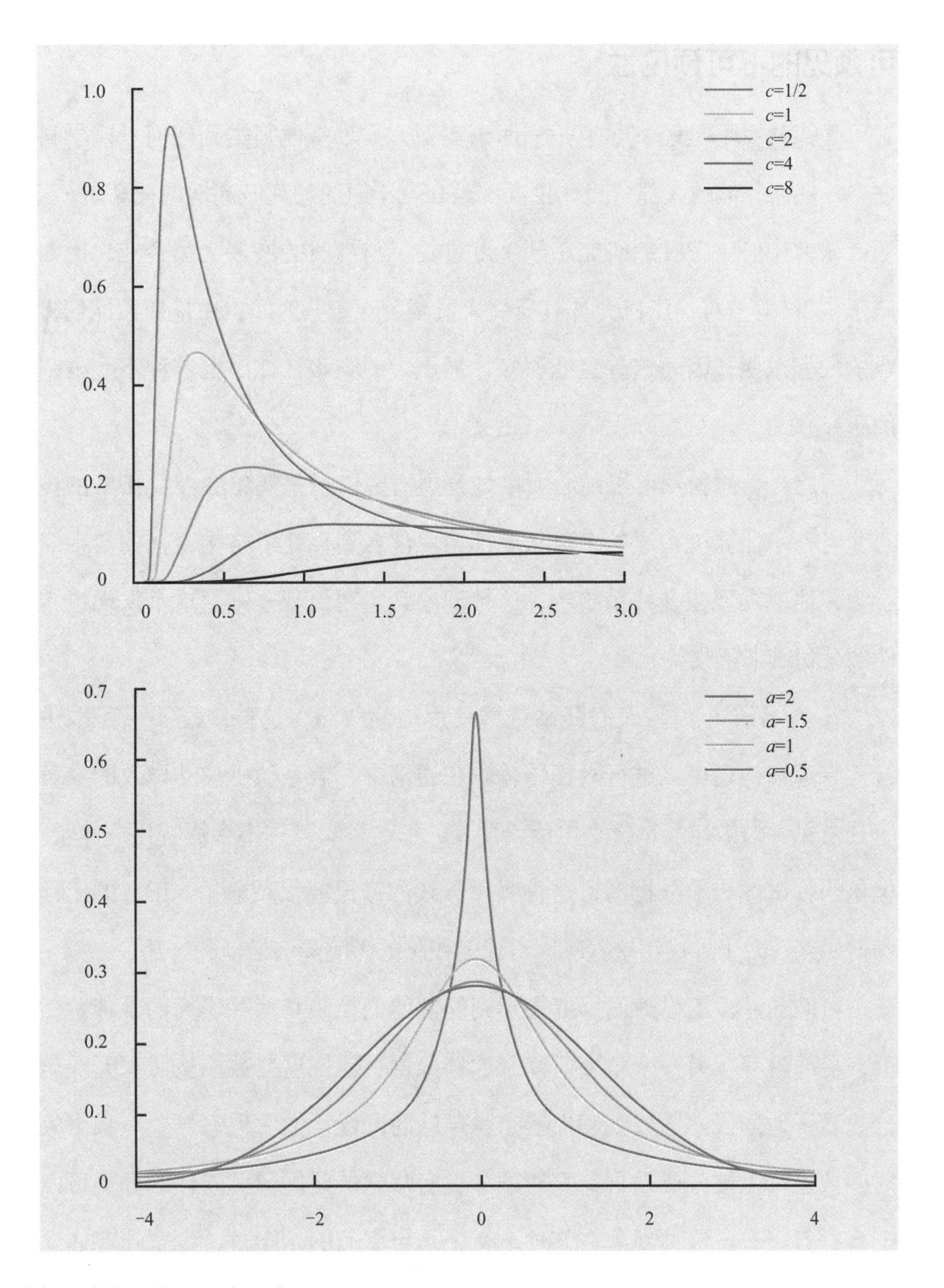

莱维分布和正态分布

我们更熟悉的正态分布是对称的，有一个中心峰。而莱维分布有一个大的非中心峰，少量的大数影响着最终分布。莱维分布的c和正态分布的 α 都描述了目标值的分布有多广

可预见的不可预见性

曼德勃罗不是经济学家——而事实上，很难将他归类到任何一门学科之中。然而，他的大部分工作生涯都是在位于纽约约克城高地的托马斯·J.沃森研究中心（IBM的研究总部）度过的。与当时的许多大型企业，比如施乐和3M等一样，IBM允许其研究人员至少花一些时间自由地探索他们喜欢的任何东西，因为这些企业深知，最重大的突破往往出自这种不受限制的研究方式。

因此，曼德勃罗可以随心所欲地开展研究，只是偶尔会涉及IBM的核心业务——计算机和通信。自从曼德勃罗注意到棉花价格中奇怪的自相似行为，他就发现在各种系统中，这种现象会定期出现——而这个发现也给他的公司带来了收益。

20世纪60年代，人们开始普遍使用电话线路，这些线路不仅可以进行语音通话，还可以进行数据传输。在通信中，信号随机波动导致的噪声十分常见，如果你只是打个电话给朋友，那这种噪声并不会影响用户体验。但是当你试图传输数据时，这种噪声导致的错误就很致命了。IBM的工程师们始终致力于寻找将这些噪声对通信线路的影响降到最低的方法。

可问题是，工程师们始终找不到能使他们控制和消除噪声的规律。然而，曼德勃罗从另一个角度研究了这些数据。他把这些数据按照有无噪声分成若干时间段。通过观察那些有噪声的时间段，他发现每一个有噪声的时间段也可以被分成若干有噪声的和没有噪声的时间段。同样的分类可以一直进行下去。这种现象在某种意义上是自相似的，同时这也意味着你永远不可能在数据中找出纯粹的噪声部分。

因此曼德勃罗提出了一个全新的策略。在以往，当噪声出现时，工程师们时常努力寻找其成因——系统和环境中的干扰信号，试图从根源上解决它，然而噪声是个混沌系统，所以它的出现并不需要诱因。而且显然，仅仅放大信号并不能掩盖噪声，反而会诱发更多的噪声。于是曼德勃罗开始和工程师们一起寻找解决噪声的替代方案。

这一发现为IBM通往数据可视化创造了条件。然而，让曼德勃罗声名鹊起的并不是这项工作，而是另一个我们熟悉的混乱对象——错综复杂的海岸线。

海岸线难题

1967年，曼德勃罗发表了一篇论文，在这篇文章中，他开始探索自相似性——即后来被称为分形的原理。他举的例子是英国的海岸线。任何地图集或百科全书都会详细说明英国的海岸线长度——但这个长度到底指什么呢？曼德勃罗想象着一边沿着海岸线走，一边用码尺测量，这样可以量出一个确定的长度。

自相似性

像海岸线这样的分形是自相似的，因为它的一小部分被放大后，在视觉上与整体的形状相似。

假设我们用码尺测量得到的距离是3 000英里（4 800千米）。现在再次沿着海岸线出发，这次使用一英寸长的标尺，因为它比码尺更方便测量一些曲折拐角。这一次，测到的长度可能是4 000英里（6 400千米）。然后，再试一次，在悬崖和海滩边缘放一根绳子，这样就能测量更小的裂缝和裂隙，这次的测量结果会更长。因此由于测量精度不同，英国的海岸线长度竟然可以是1 700英里（2 800千米）到11 500英里（18 500千米）范围内的任意一个值。

可以想见，极端情况下，我们可以去测量海岸线上岩石表面单个原子造成的每一个凹痕连起来的总长度。可是以上的度量中，哪个才是“真实”距离？它们都不是，又或者它们都是。这就是曼德勃罗用数学语言诠释明白的悖论。海岸线没有明显的、绝对的长度（或者沿着其他任何皱褶结构，例如邻国的边界线或河流的长度）。然而，用一种机制来解释这种现象是可能的，为了做到这一点，曼德勃罗钻研了令人费解的分数维度概念。

进入分形的世界

我构思并开发了一种新的自然几何体，并将其应用于许多不同的领域。它能够描述我们周围许多不规则的、支离破碎的图案，通过确立我称之为分形的几何体系，引出了成熟的理论。

——伯努瓦·曼德勃罗（1924—2010）

一共有多少维度

我们习惯用整数形式来表示维度。现实世界中我们熟悉的空间是三维的，纸上的图像是二维的，直线是一维的。我们也知道，数学家们经常会研究一些想象出来的高维空间。但是，$1\frac{1}{2}$维又意味着什么呢？20世纪早期，英国数学家刘易斯·弗莱·理查森提出了对维度的另一种解释。作为将数学应用于天气预报的先驱，理查森此前一直在研究一个完全不同的课题：试图了解国界对国家宣战的影响。

理查森指出，西班牙认为西班牙和葡萄牙之间的边界有613英里（987千米）长，而葡萄牙则宣称边界为754英里（1214千米）长。虽然不知道这个分歧是否引发过冲突，但是理查森发现了测量尺度与测量结果的关系，而这个关系是由被他定为值为1~2的边界维度控制的。而维度似乎有一种过渡态：某种介于一维直线和二维平面之间的东西。

虽然非整数维度的概念乍看奇怪，但一个有效的方法是这样来看待维度：把一个物体分成与它相似的缩小版的最小的分割数，而非传统的空间方向。一条线可以分成两条相等长度的线，一个正方形可以分成四个相同的正方形。一个立方体可以分成8个更小的立方体。（当然，在每种情况下，你都可以将原始形状分割得更小，但这里的维度是指最小分割数）。除法的次数是$2n$，其中n是维数。当我们来到具有分数维度的形状时，分数维度有效地反映了存在着这么一个最小数，这个数量的缩小版可以合起来组成一个整体。

令理查森全神贯注研究的概念是由曼德勃罗提出的，他定义了一个特定的比率，以描述图案的细节如何随测量尺度改变（或不改变）——如果你愿意，就是测量标尺的长度。对于简单的形状，曼德勃罗最初称之为分数维度，后来称为分形维度，与我们熟悉的维度完全相同，但对于具有自相似性的形状，比如海岸线和边界，这个值不一定是整数值。当数值越接近整数时，它就越像我们所期望的整数维形状。例如，当一条曲线的分形维度值刚刚超过1时，就很像一条直线，而当这个值接近2时，曲线就明显更复杂。

这里有一点需要注意，维度的变化不是在曲线边缘修修补补。我们在学校里学到的数学和物理的简化通常都给世界强加了简单的直线形状，但现实世界通常是皱巴巴的。这些中间维度其实才是自然现象而非特例。这项工作启发曼德勃罗提出了一个新术语，即1975年创造的“分形”。这个词之前我们已经碰到过好几次，不过现在我们终于可以大胆尝试并充分探索它了。

雪花、垫圈和海绵

曼德勃罗的分形概念其实是比我们所熟知的“拓扑维数”（直线为1，

曲面为2）等这种东西更加复杂。他的术语显然来源于拉丁语fractus，意为“破裂”（与“断裂”同根源）。从表面上看，分形具有上述在英国海岸线和IBM数据传输噪声中所描述的那种自相似性。即使不断地放大分形去观察，它的颗粒度始终不变，且不会随放大缩小而改变。

拓扑维数

拓扑学是一门数学分支，主要研究空间在连续形变下保持不变的属性。（简单来说：这门学科只考虑物体间的位置关系而不考虑它们的形状和大小。）虽然曼德勃罗创造了“分形”这个术语并做出了诠释，但他并不是第一个探索分形中的一些奇怪现象的人。科赫雪花是最早被研究的例子之一，这种形状以瑞典数学家赫尔格·冯·科赫命名，他在1904年设计出这种图形。

要构建科赫雪花，我们先从一个简单的等边三角形开始，将三角形中的每条边三等分，并在每条边中间三分之一处构造一个顶角向外的小等边三角形。然后不断重复这个过程，于是我们从一个三角形，得到一个六角星，再到一个凸起越来越多的雪花形状，这展示了经典的自相似的分形本质：如果我们放大它的一部分，就会发现这部分完美地复刻了宏观形状。根据前面分形维度的定义，科赫雪花的分形维数约为1.26。

最有意思的其实是雪花周长。虽然雪花最终也不会超出最初三角形外接圆形的边界，但是雪花的周长会越来越长。尽管新加的小三角形边长越来越短，但随着迭代次数的增加，总长度趋于无穷大。这是因为总周长是原始边长的3倍乘以4除以3的迭代次数的幂[1]。随着边数的增加，这个数趋于无穷大。最终，我们得到了一个面积有限、周长却无限的雪花。

---

[1] 设原始等边三角形的边长为a，则周长的计算公式为$a \times 3 \times \left(\frac{4}{3}\right)^{n}$，其中$n$为迭代次数，初始状态下$n=0$。——编者注

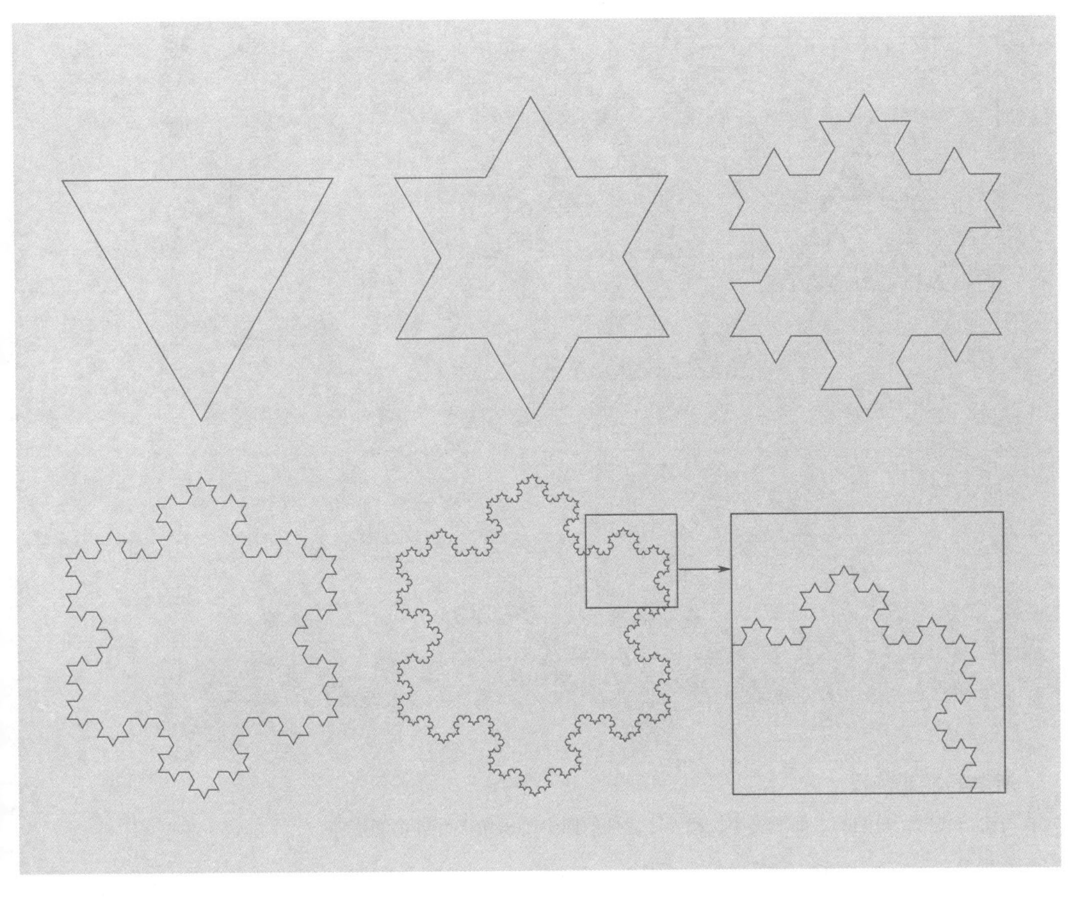

科赫雪花

科赫雪花的前五次迭代都是将边长三等分，并在中央添加一个等边三角形

另一个简单却引人注目的分形形状是谢尔宾斯基垫圈（Sierpiński gasket），以波兰数学家瓦茨瓦夫·谢尔宾斯基命名，他在1915年发现了它。与科赫雪花不同，这种形状是通过“挖”掉一部分来构建的。同样的，我们从一个等边三角形开始，但是这次我们把它当作一个填充图案而非轮廓，我们先从这个三角形中去掉一个倒置等边三角形，其三个角位于大三角形三边中点。然后，从剩下的三个小三角形中继续分别挖掉一个倒置三角形。

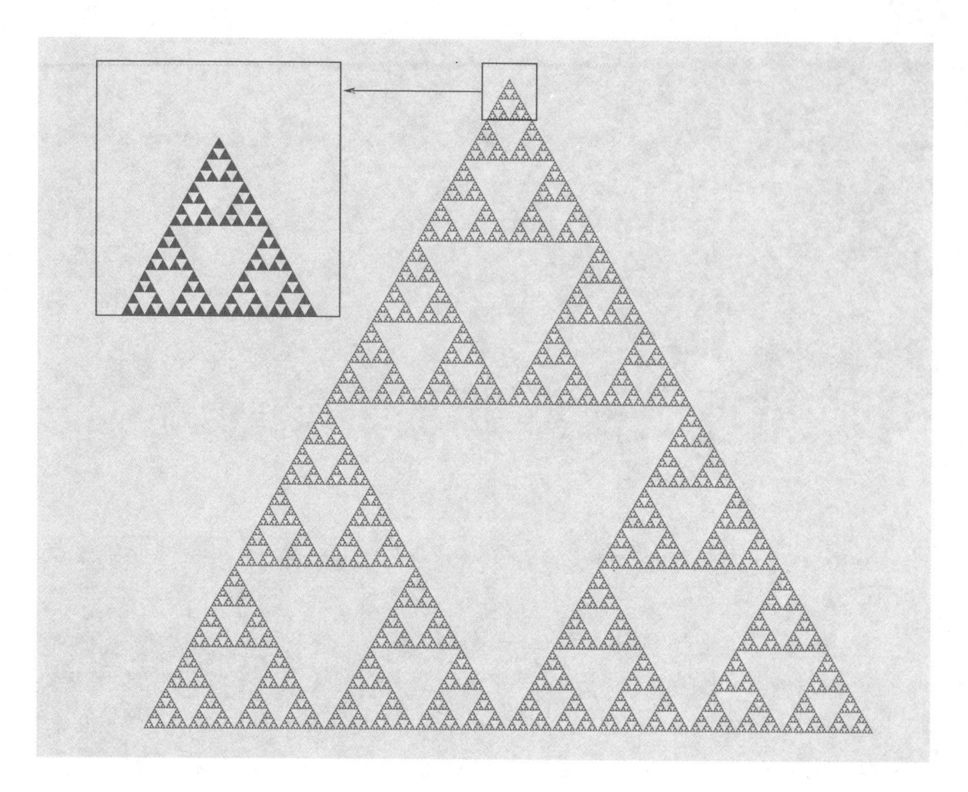

谢尔宾斯基垫圈

每次迭代后，垫圈的表面积更小，趋于零。任何向上的三角形部分都和整体自相似

虽然这样所形成的形状有时也被称为谢尔宾斯基三角形，但是垫圈这个词显然能够更贴切地形容这个不断挖孔构成分形的过程。除了外观吸引人之外，垫圈还是自相似的，其分形维数约为1.59。就像科赫雪花，其极限就在于：随着迭代次数越来越多，尽管垫圈的“材料”永远不会全部“挖”空，但其极限面积为零。

奥地利裔美国数学家卡尔·门格尔改进了一个名为谢尔宾斯基地毯（Sierpiński carpet）的分形图形。谢尔宾斯基地毯是将一个正方形分成九宫格，并将中间的正方形去掉，然后对每个小正方形重复这个过程，以此类推。门格尔依此设计了一个三维版的形状，即现在所知的门格尔海绵。在极限条件下，它几乎不包含任何体积的物质，但却有无限大的表面积。

门格尔海绵

经过四次迭代，这个三维化的谢尔宾斯基地毯已经高度自相似

以上所提及的以及其他那些相对简单的分形展示了从微小变化到复杂混沌的演化——但无论是雪花还是垫圈都不像曼德勃罗集合，它们都不是分形的原型。

曼德勃罗集合

关于曼德勃罗集合的最早提出者一直众说纷纭。曼德勃罗一直声称自己是最早提出者，但其实早在1978年，两个美国数学家罗伯特·布鲁克斯和彼得·马特尔斯基的作品中就出现过这个概念。而曼德勃罗集合的名字要归功于法国人艾德里安·杜阿迪和美国人约翰·哈伯德，因为他们以曼德勃罗的名字给这个概念命名。

不管是谁最早提出的，我们现在看到的都是分形和混沌的典型代表，从精致的艺术品到日用餐具都能看到它们的身影。这些美丽而复杂的图案看似混合着奇异生物与佩斯利花纹（paisley）曲线，这些也是自相似的结构，但比前面提到的雪花和垫圈更奇妙且时尚。这套作品被形容为数学领域最复杂的物体，它令人难以置信地混合了曲线和突起、螺旋和圆形等众多图案，又佐以彩色视觉表现而成为一种新的艺术形式。从纯数学到视觉奇迹的转变反映了曼德勃罗在IBM任职是多么切合时宜，因为当时IBM恰恰是一个计算机图形中心。

在古希腊时代，数学都是关于绘画的。从数字上来说，他们的数学非常有限（在这件事上，用字母来表示数字并没有什么帮助），而且他们也没有任何办法正确地表示分数或公式。结果，古希腊数学主要是几何学。自那以后，数学变得越来越具有符号化、抽象化，而非之前的几何图形。但根据曼德勃罗发现的新特性，运用IBM在计算机图形学领域的前沿技术，他可以用一种全新的、迷人的视觉呈现形式来描述混沌。

曼德勃罗集合的表达公式有点复杂，但是构建它的规则却很简单。其核心是一组复数。复数是一个普通的“实数”（如1.3524）和一个“虚数”（实数乘以-1的平方根）的组合。-1的平方根在现实世界中是没有值的，因为1×1=1，-1×-1=1——没有任何东西与自身相乘等于-1。然而，几百年来，数学家们一直在使用这个虚数概念，用i表示。当与自身相乘时，i×i=-1。最初，虚数只是数学上的一个有些奇特的概念，但后来人们意识到，实数和虚数的组合，如1.316+2.64i，可以用来表示二维平面上的一个点，也称为复数，非常适合用来表示随时间变化的形状，比如波浪，因此复数对物理学家和工程师来说都是无价的存在。

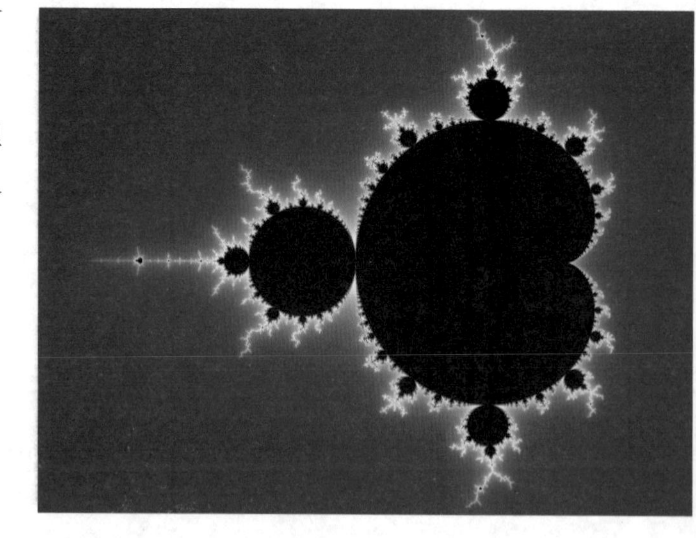

曼德勃罗集合

整个曼德勃罗集合的概览图——放大后会发现一系列戏剧性的、自相似的形状

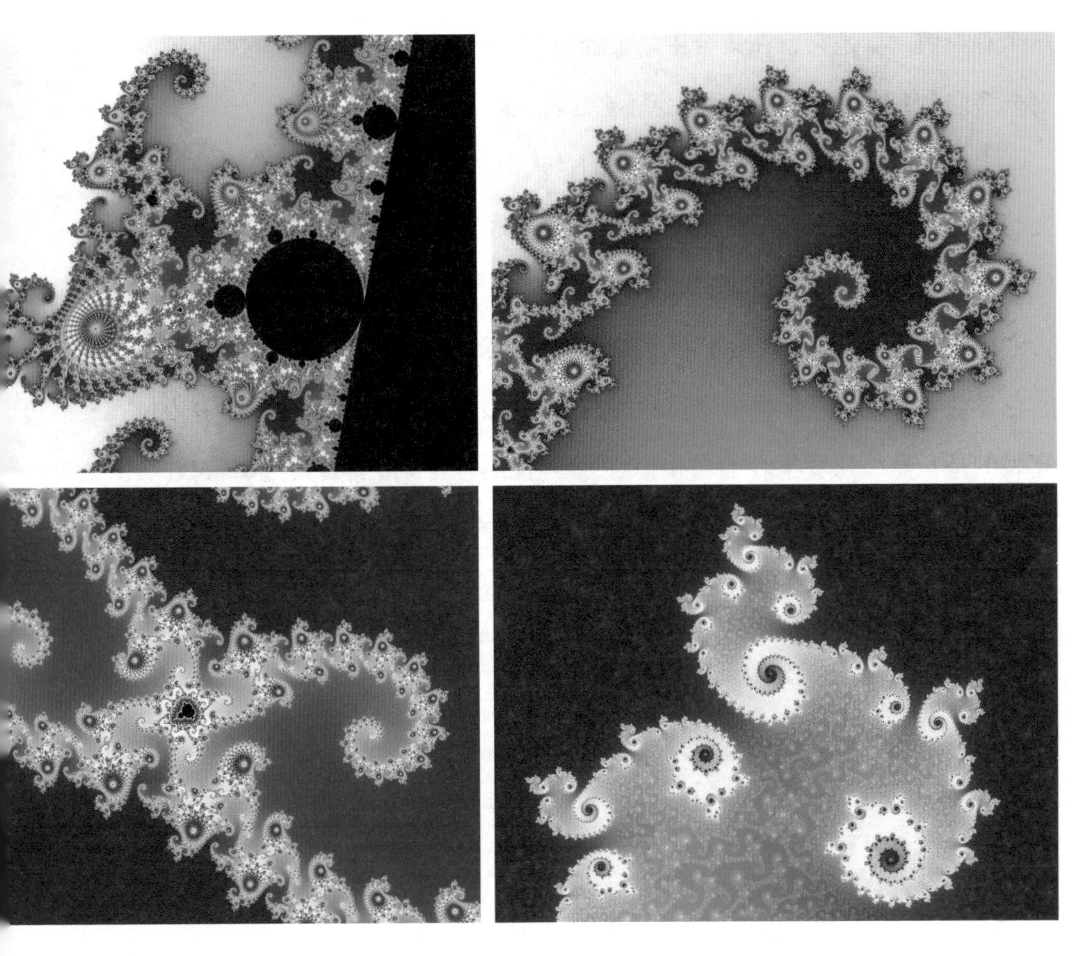

曼德勃罗集合细节

放大曼德勃罗集合的局部细节可以看到各种各样的花纹图案

曼德勃罗集合是一组复数，就像雪花和垫圈一样是通过迭代生成的，但要经过一个稍微复杂一点的数学过程。这个过程就是为了找出集合中的一系列点，然后绘制出经典曼德勃罗集合图像。计算这个集合的一种方法是取复平面上的任意点，然后不断平方这个值，同时将其与原始值相加。如果结果趋向于无穷大，则点不在集合中——如果其极限值是有限的，则点在集合中。所以，例如，0.4+0.1i在这样的操作下，极值趋向于无限，所以不是曼德勃罗集合的一部分。但是0.3+0.1i的值会上下振荡，最终趋近于一个有限值，于是它就在集合中。集合中的点会产生一系列循环的值，或者一系列上下波动的值，但是永远不会变得无限。

上述提到的基础曼德勃罗集生成的是黑白图像，但经常被用作装饰的曼德勃罗图往往是五颜六色的。这些颜色从数学角度来看，并没有什么价值——它们只是让图案更具有吸引力。还记得上面提过，一个点是否在集合中，取决于一个值被反复平方，然后加上初始值的结果是否趋向于无穷。多色曼德勃罗集合只是将每个目标值的迭代次数用颜色表示了出来。令人高兴的是，曼德勃罗集合的自相似性印证了倍周期分岔的费根鲍姆常数。例如，在曼德勃罗集合的不同迭代层次中发现的每个“斑点”形状，迭代后大约是前一次迭代的1/4.669倍大。

费根鲍姆常数

如前所述，费根鲍姆常数是一个自然常数，约为0.1242，反映了周期倍增分岔的决定性因素的大小。

分形的世界

当你开始了解分形几何，你眼中的世界也会变得不同。而当你再进一步，从此看山非山，看水非水。你眼中的山川江河，鲜花草地，天空白云，森林湍流和其他许多东西都会和童年记忆中的完全不一样了。

——迈克尔·巴恩斯利（1946—　）

分形的本质

许多自然现象由于形成方式，它们的外观都近乎分形。而其中最著名的可能就是某些植物，尤其是常青树和蕨类植物，它们的每个枝杈都和整个植物非常相似。而另一种更复杂的分形形式呈现在山脉和云朵中，就像海岸线一样，当边缘放大时，会产生越来越多的局部褶皱。而事实上，现实生活中绝大部分看似光滑的物体边缘放大之后也会有分形的细节。

由于这种分形的外观十分常见，所以很多视觉效果软件，比如游戏中使用的代码，经常使用分形的原理来生成地形和云朵。这样生成的风景十分逼真，而且仅仅占用一小部分计算资源。

也许在所有的自然分形形式中最令人印象深刻的要属跟花椰菜和西蓝花比较近的宝塔花菜（Romanesco，也叫罗马花椰菜）。这种植物的自相似结构如此神奇以至于不像是自然形成，而像电脑设计出来的一样。虽然罗马花椰菜对于实际应用的启发无人问津，但它确实是分形的少数几个实际应用的灵感来源之一，这些实际应用的一个例子是超越了计算机化景观和艺术设计的压缩图像。

宝塔花菜（罗马花椰菜）
宝塔花菜具有令人印象深刻的自相似分形结构

分形压缩

现代人已经习惯了拥有大容量存储空间的设备，但在20世纪90年代，计算机领域经历了一次重大的存储危机：需要存储的数据量（特别是在电子照片开始大规模使用之后）的增长速度远远超过了计算机磁盘容量的增速。一个主要原因是计算机图像的分辨率迅速提高，这意味着这些图像需要占用越来越多的可用空间。随着图像数字化和数码摄影的高速发展，存储危机到来了。

当时的计算机普遍会使用磁盘压缩软件，充分利用有限的磁盘空间来存储更多的数据。尽管这种软件往往是在后台自动进行，但是压缩—解压的过程拖慢了其他程序的速度。因此人们想要的是，一种能够尽可能地压缩图像的软件，同时缩短解压时间。（为什么不用管压缩时间？因为数据只需要在存储之前压缩一次就一劳永逸了，之后只是不断地取出来解压使用，所以解压更占用时间。）在这样的时代需求下，分形压缩技术应运而生。

分形压缩最初由英国数学家迈克尔·巴恩斯利在1987年提出，到1992年，分形压缩已经发展出可行方案。这种方法利用真实世界物体的分形特性，从而依据图像中的自相似性，来压缩图像以占用更少的空间。该软件对于那些具有分形特征的自然景观的图片尤为有效。尽管这种技术在初次压缩时需要花较长时间，但是压缩效果却比传统方法好很多。

总而言之，分形压缩似乎将成为新的潮流。一些电脑游戏和微软开创性的Encarta CD-ROM百科全书也使用了这项技术，而这个CD-ROM百科全书早在维基百科出现之前，就对纸质百科全书造成了毁灭性打击。但好景不长，磁盘空间的快速增长使分形压缩逐渐变得多余。相较于分形压缩，JPEG压缩的速度快得多。同样的图片质量，JPEG压缩完的大小可能是分形压缩图像的十倍，但是这个差距对于日渐宽裕的磁盘空间已变得无关紧要。

分形压缩技术在人类历史上昙花一现——但广义上的混沌却一直在我们身边，当你注意那些时常失灵的预测时（比如天气预报），你就会发现混沌无处不在。

第五章

证券市场的崩塌

滥用概率

有一个专门给学生的概率研究部门。在这个部门有许多打字机和许多猴子。每当有猴子从打字机上走过，碰巧都会打出莎士比亚的一首十四行诗。

——伯特兰·罗素（1872—1970）

打出莎士比亚作品的猴子

伟大的英国哲学家伯特兰·罗素简洁地总结过一个古老的观点：一屋子的猴子，只要有足够的时间，随机地按下打字机的键，就能把莎士比亚的作品复制出来。这句话在一定程度上说明了我们对随机性的错误理解。请某人输入一长串随机的字母，他们通常会产生更少的重复字母或者近似字，比真正的随机性要求要差得远得多。常识会导致我们滥用和误解概率的含义。

说句公道话，在计算机和随机数生成器出现之前，传统的一屋子猴子并不是一个提供随机字母序列的好方法，但正如我们所见的，生成这样一个序列是完全可能的。让我们以莎士比亚最著名的十四行诗之一的《第18篇》起始句为例："Shall I compare thee to a Summer's day？"（我能把你比作夏日吗？）假设我们的键盘全部采用大写，并忽略除空格以外所有标点符号，我们需要27个键。这意味着真正随机的"满屋子猴子模拟器"出现S的概率是1/27。这还不算太糟。而出现SH的概率是1/（27×27），或1/729。这是相对不太可能一次就能正确输入的一对字母，尽管我们应该记住SH和其他任何两个字母的组合出现的概率是一样的。

原则上，猴子最终会打出莎士比亚的诗句似乎是可行的。然而，单第一句的概率就是$1/27^{37}$，大约是$1/10^{51}$（也就是1后面跟着51个0）。相比之下，赢得美国彩票要容易得多，通常是$1/(3\times10^{8})$。只得到这第一行就已经是一个不太可能的情况。当然，人们确实会中彩票，原则上猴子也可以打出那句话——但这是不可思议的。如果有1 000只猴子在10秒内输入37个字符，平均需要10^{47}秒也就是3 000万亿万亿万亿年才能打出那句话。罗素在他的评论中强调，猴子和打字机的故事是如何让我们误用概率的。混沌给粗心大意的人带来了同样的风险，概率似乎提供了一种合理的方法让我们去理解有些东西，但当你深入到细节时，它很有可能就会把你引入歧途。

赌徒对赌场的赔率

正如我们已经发现的，概率的起源与赌博游戏密切相关，其中的一个特定的结果由概率控制（假设是一个公平的游戏）。因此，例如，我们可以合理地期望1/2的机会赢得掷硬币的游戏，1/6的机会赢得一个骰子游戏，在忽略花色的情况下，1/13的机会从一副牌中抽出一张特定的牌。同样，在旋转转盘的轮盘赌中，如果我们忽略总是赢的0位置，猜对红色或黑色的概率是1/2，压对某个特定的数字的概率是1/36。

在博彩类的游戏或彩票之外，由于使用了随机过程来生成结果，因此任何特定结果都有特定概率，大多数投注是依赖于投注店或庄家提供的赔率。这时人很容易被愚弄，认为这跟博彩一样——不管是一场赛马还是选举——我们再一次得到了一个特定结果的概率。但事实是什么呢？这些看上去是由类似随机性驱动的结果，实际上反映的是试图对通常是混沌系统的结果进行二次猜测的尝试。这就是为什么，赌博对那些愿意下注的人来说，无论是押注唐纳德·特朗普赢得总统大选还是英国退出欧盟，他们的赔率都高得惊人。赔率并不代表这些事件发生的真实概率，更确切地说，它是将概率强加于以混沌为核心的系统的失败尝试。

选举的可能性

与投掷硬币可预测的随机性不同，选举获胜者的赔率是基于试图预测一个混乱系统的结果

民意调查

调查和研究是现代生活的共同特征。我们总是被告知一些问卷调查的结果，其中的数字被夸大，并试图反映人口的整体情况。所以，举例来说，比起告诉我们在网上进行的对1 000个美国公民的民意调查中，有50%的公民支持某些法案，我们更可能会被告知1.64亿（撰写本文时此为美国总人口的一半）美国人持这种观点。这是运用概率和统计学的结果，试图基于样本得出对更广泛人群的推断。

这种方法的最大问题是要确保样本是真正具有代表性的——即使是这样，也可能有问题：要么因为样本是有代表性的，而测量方法不是（我们一会儿会解释它）；要么因为系统的混沌程度足以使概率方法无法很好地预测结果。

让我们从一个具有代表性但选择的衡量标准并不具有代表性的样本开始。一个很好的例子就是英国的公共借阅权（Public Lending Right，PLR）系统。许多国家都使用PLR机制，每次有人从图书馆借阅某本书时，PLR

系统就会向作者支付一小笔费用。这就像Spotify平台，当一首音乐被播放时音乐人会获得一点报酬。Spotify是一个现代的大数据系统，所以会整理每一个单一数据流的信息。然而，PLR从库存数据和读者统计中采样了一些有代表性的数据，并将其扩展为系统（在本案例中，就是整个国家）结果。

人口统计

研究人口及其特征，从种族到教育的任何特定人群的构成。

如果图书馆中所有的书都具有同样的吸引力，那就好了。但是假设我写了一本关于我家乡的书。这本书从我们镇上的图书馆借出的数量就要比其他地方多得多。如果我们镇上的图书馆不在（相对较小的）图书馆样本中，那么我的书不会被反映在统计中。（同样地，如果该书在样本中，而借书频次将被大大夸大。）当考虑到所有的借阅情况时，被选为样本的图书馆就代表了英国所有的图书馆，但这种统计方式不能反映关于地方主题的书的某个具体子类的情况。

至于从混沌系统中采样，如果主题和观点比较明确，那么就不会有太多的问题。如果你问我是喜欢吃肉还是豆腐，我有一个非常明确的答案，这不可能受争论的影响。但是，如果你问我可能投票支持的政党，其结果将被一系列相互影响的因素影响：政党目前的政策、我所在的地方代表是谁、我对不同党派领导人的看法等，这是一个典型的混沌环境。但这并不是对每个人都适用——有些人会条件反射地投票，不管不同的选择是好是坏，总是以同样的方式投票。但是在许多国家，流动选民的人数正在增加，这个混沌系统的本质就变得至关重要了。

不管正在研究的系统是什么类型都会存在问题，除非样本能代表总体，而这是极其困难的。唯一一种非自我选择投票的形式是强制性投票。在自愿投票情况下，除了一些国家的人口普查和投票——通常抽样本身会使样本产生偏差。举个例子，大多数现代民意调查都是在网上进行的。这就直接导致了年龄、技术经验等方面的偏见（筛除了不上网人群）。类似地，通过电话或街上拦人进行的民意调查，往往也会选择特定的人口（筛除了不上街的人群）进行统计。甚至一天中进行这种民意调查的时间也会产生影响。而这只是获得这些信息的方式存在的偏差。样本的大小也会有影响——例如，很多的社会科学研究就是这样，由于参与者的数量太少而对调查结果没有信心。同样，问题的方式和措辞会对结果产生影响，甚至一个问题旁边的其他问题也会对结果产生影响。

民意调查公司和科学家正在尝试消除偏见，但这涉及以一种旨在使数据更具代表性的方式改变实际结果。这既可能具有欺骗性——实际的民意调查结果可能与报告结果完全不同——也可能因为这个过程必然是主观的而使结果受到有意识或无意识的操纵。民意调查和小规模的研究往往是我们唯一的选择——有时确实如此——总比什么都没有好，但我们至少应该弄清楚它们有多么不准确。

让我们更详细地了解几个混沌可能造成误导的特定领域，分别是金融市场、股票市场和股票。

操控市场

我告诉人们，投资应该是乏味的。它不应该是令人兴奋的。投资应该更像看着油漆变干或者看着草生长。如果你想要刺激，就拿着800美元去拉斯维加斯。

——保罗·萨缪尔森（1915—2009）

危险的“因为”

“主流媒体”最近受到了来自政治家的强烈批评。在现实中，很多批评都是错误的，但即使是最公正的新闻媒体也会在面对科学和数学时出错，更糟糕的是，很少有记者有数学知识或科学背景。记者们经常犯的错误是混淆了相关性和因果关系。

相关性意味着两个独立的东西在同样的时间或以同样的方式发生变化，而因果关系意味着一件事导致另一件事。我们有一种自然的倾向，假设相关性就意味着因果关系。但它同样可以纯粹是巧合，可能是与我们的假设相反的因果关系（即B导致了A，而不是A导致B），也可能是第三个因素导致了两个观察到的现象，而不是一方影响另一方。

哈佛法学院学生泰勒·维根在他的“伪相关性”（Spurious Correlations）网站上发现了一些奇怪的相关性。从这些相关性中可以看出，相关性并不是因果关系。维根展示了，例如，美国铁路上火车相撞导致的司机死亡人数与美国从挪威进口原油之间存在非常强的相关性。这个组合没有因果关系的迹象，但在这些不太可能的组合中，我们发现，人们很容易只是因为事情同时发生了就假设两者有因果关系。

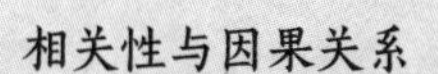

据统计，死于被床单缠绕的人数与食用奶酪密切相关——但它们并没有因果关系(来源:泰勒·维根)

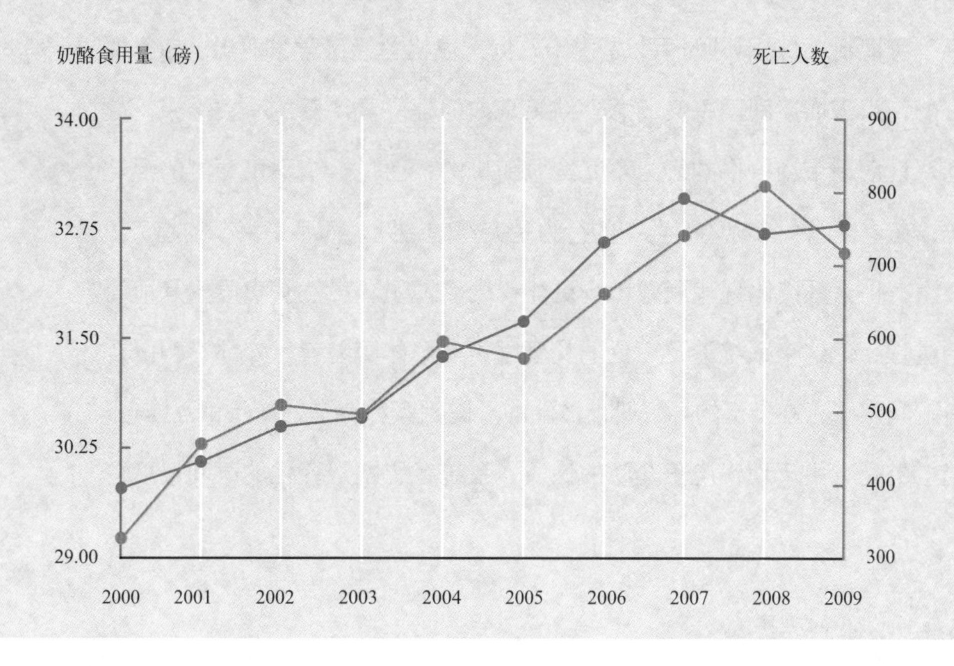

这样的假设经常出现在新闻中，通常用在股票价格描述中，比如说，一家科技公司的股票“因为知识产权纠纷”或“因为苛刻的交易条件”又或“因为新产品的不良评价”下跌。在现实中，我们只知道这两者之间是有关联的。在这些事件发生的时间里股价发生了变化。没有人能确定其中的因果关系——关于公司的新闻以及它在市场上的表现之间没有简单的联系。我们所能说的是，该公司发布了一份公告，在同一的时间或不久之后，股价下跌。“因为”这个词几乎总是用在这个情况，而这种因果关系几乎是没有道理的。

模型的行为

诺贝尔经济学奖得主保罗·萨缪尔森说投资应该是枯燥的，他在1965年发表了一篇题为《合理预期价格随机波动的证据》(Proof that Properly Anticipated Prices Fluctuate Randomly)的论文。他的目标似乎是劝阻读者不要试图事后猜测股价走势，这只是一种赌博的形式，而是要从一篮子股票中寻找能长期增长的股票。但“随机波动”这个词语其实是带刺的。

传统的，所谓的新古典主义经济学教给我们：经济有一种内在的自我稳定性。当然，有随机干扰，但重点是任何大的波动都会被市场“看不见的手”所抑制。“看不见的手”是由十八世纪苏格兰经济学家亚当·斯密提出来的，用来描述利己主义的意外结果是如何提供更广泛的有益结果。曼德勃罗证明，市场价格的行为不完全是随机的，而是一个不可预测的混沌系统，在这样一个系统中，典型的行为是突然的跳跃，而不是潜在的趋势。

没有什么系统比现代股票市场更能代表混沌了。虽然买卖股票是很简单的过程，但这个系统涉及广泛的交互因素。个体交易者、外部影响以及所有新闻媒体喜欢指责的导致股市波动的不同因素都存在，而且相互作用。更糟糕的是，由于现代电子交易的性质，系统经历剧烈变化的时间尺度可

股票交易员

尽管许多人尝试应用概率预测股票价格，但实际上股票市场上的价格变动是混乱的

以是几分之一秒。

所以，尽管许多股票市场模型使用的是老式的概率，但现实还是非常依赖于初始条件，而初始条件会导致不同于预期的非常迅速的偏差，通常涉及加速结果的反馈循环。一个生动的例子是2010年所谓的“闪电崩盘”，当时美国股市市值在半个多小时内蒸发超过1万亿美元。为做出股票卖出交易决定而设计的软件（根据前一分钟发生的事做决定），让自己陷入了一个危险的积极反馈循环。一个预测股票市场走向的概率模型会完全被这样突然的、极端的事情所摧毁。

反馈和垫圈

英语中最昂贵的四个词是“this time it's different”（这次不一样）。

——约翰·邓普顿爵士（1912—2008）

为什么这么消极？

如果市场要保持经济大致平衡（正如新古典主义经济学假设的那样），经济内部的互动必须由负反馈掌控。但在实践中，经济系统中有几个正反馈的循环。当我们迎来繁荣或萧条时，这会变得清晰，例如在1995年到2000年间的互联网热潮。在繁荣时期，某些股票会形成势头。因为交易员看到这些股票一旦被买进，他们就会疯狂杀入。

人类也有类似于电子领域正反馈回路的“闪电崩盘”，其驱动因素是比过去市场交易更强的连通性。多亏了社交媒体和其他类的电子交流，使得现在网络效应更容易进入市场，也就是投资者之间的互动导致股票朝一个方向运动，而后又被正反馈放大，从而导致类似于扬声器刺耳嚣叫的金融混沌现象。

危险正反馈的一个极端例子是银行发生挤兑。银行的平衡取决于与客户保持一定程度的信任。如果银行出现大麻烦的消息传开，信任就会崩溃，人们开始取回存款。这将导致银行股价的进一步下跌，同时鼓励了更多人们把他们的钱取出来，因为大家感觉未来某个时间银行将无法提供现金。银行的流动性和股价进入了平行的螺旋下降。

那么，为什么经济学家仍然假装市场是自然的、具备自我纠正的、稳定的环境？有人认为，这是经济学专业从业者想要保住他们的高薪工作。如果他们承认存在的经济体系是混沌系统，那就不可能做出有效的预测，哪怕是短时间内的预测。那么人们对他们就会失去信任，也不会有人太愿意把他们当回事了。经济学家们总是声称经济学是一门科学，但果然如此的话，那经济学就好像物理学还在尝试应用两个世纪前的理论去理解宇宙，也就是我们处于还不了解量子理论和相对论时对世界的认知当中。

谢尔宾斯基股票

加拿大数学家大卫·奥尔指出了一个有趣的现象，那就是股市崩盘和谢尔宾斯基垫圈的相似性。虽然我们不能使用传统的概率和正态分布来预测股票价格会怎么变化，但是股市市场的混沌运动反映了所谓的幂次定律。这意味着每一次发生重大变化时（如崩盘），通常约有整体规模1/3的事件被卷入其中，而这1/3也是下一次重大变化的基础规模。

幂次定律

幂次定律，如万有引力定律，是指一个值依赖于另一个值的幂(如平方或立方)。

在这方面，突然下降的分布更像是谢尔宾斯基垫圈中的空白区域。对于每一次巨大的下跌，有大约三倍次数的一半下跌，大约九倍次数的四分之一下跌，以此类推。当大小变一半，事件的数量大约是原来的三倍。

记住，这是一个典型的混沌行为：数据中有明显的自相似结构，但已知这个结构对我们预测接下来会发生什么毫无帮助。而且，由于占据主导地位的商业因素，需要运用的反而很容易随着一段时期的变化而变化。有趣的是，这种幂次定律分布相当类似于自然界中的地震冲击——尽管在这种情况下，其规模减半的频次通常是事件数量的两倍而不是三倍。就这一点而言，这让人想起了费根鲍姆常数的广泛适用性。

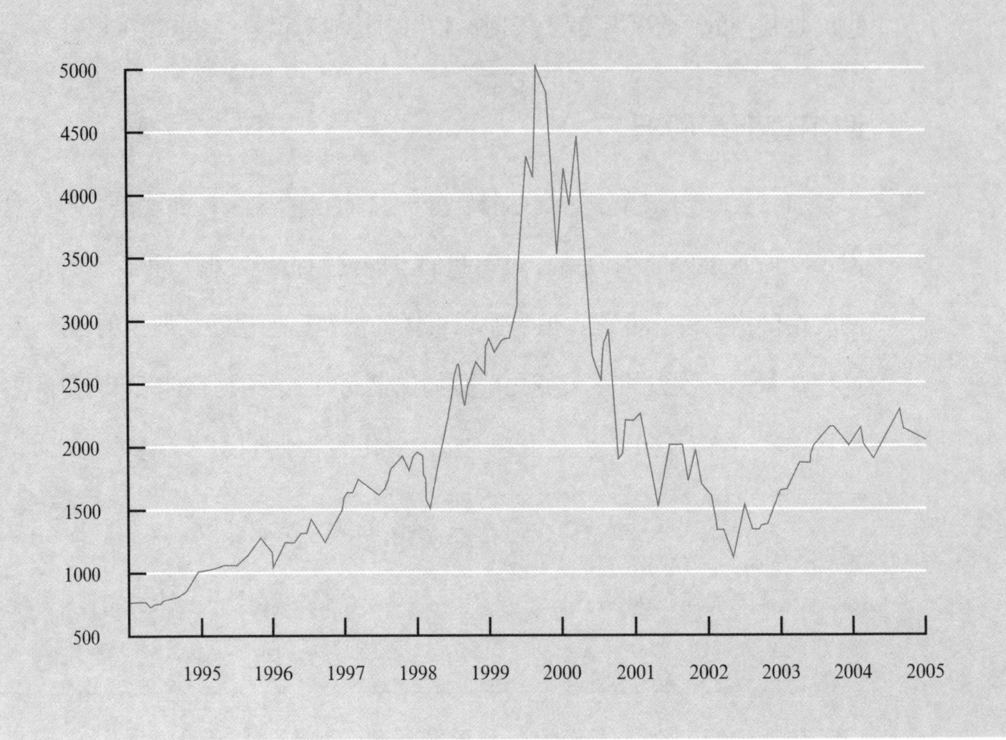

从权威人士到畅销书

畅销书是庸才的镀金坟墓。

——洛根·皮尔索尔·史密斯（1865—1946）

政治上的混乱

我们已经看到，近年来民意调查（和博彩公司）似乎一直在努力预测政治决策的结果。从更广泛的意义上说，是政治上的权威人士面临着越来越多的困难，因为这个系统变得越来越混乱。其中一个很大的因素是投票不再按照传统的社会经济和党派路线进行。党派一直在持续变化和分裂，从而导致系统中无法预料的部分相互作用，最终产生理想的混沌态。

毫无疑问，社交媒体和其他在线交流方式的增长是一个常见的影响因素。传统的政治影响可能局限于我们成长的地方，我们的工作场所，还有政党的大众传播。而现在信息在社会有更多的传播途径，强化了之前可能是相对次要的因素。这些结果让权威人士及通常所谓的“都市精英”出乎意料，作为曾经在传统概率掌控下稳定的结构化系统，现在变成一个混乱的系统，以前似乎不可能实现的结果变成了现实。

冲上冠军宝座

与政治环境不同的是，当这个体系造就了一本畅销的书或者一首流行的歌，总是有一个重要的混沌因素，尽管很多时候是相同的因素，比如社交媒体和其他的在线环境（尤其是亚马逊网站），只会让这个混沌因素变得更加重要。如果我们以畅销书为例，这可以说是人们对混沌系统的理解非常不透彻的一个例子，远不如天气这样好理解的系统。

尽管有一些明显的因素会导致一本书的成功——市场营销和知名度、媒体和社交媒体的报道、目标读者的可支配收入、对阅读态度的改变等。这是一个复杂的系统，涉及出版商的行为、书店和买家，而这些数据远比天气要少得多，其关联性远没有引力问题中三体的相互作用那么明显。

由于电子书的定价更加灵活，再加上大型新系统的相互作用，事情变得更加复杂了。例如像亚马逊这样的在线零售环境，假设有一本电子书售价4.99美元，暂时下调至99美分。传统经济学能够预测这样的价格下跌对销售产生的影响。但在亚马逊的生态系统中，价格的变化只是一小部分相互作用的因素。因为价格下跌，所以书可能会出现在折扣交易区域。折扣导致的销量提升可以推动电子书的销售排名，让它在网站上有更多的曝光度，进一步增加销售额，从而进入一个正反馈的回路。突然间，一个相对微小的变化可能给结果带来非常显著的变化，但准确的结果却是完全不可预知的。

这并不是说任何一本书都可以成为畅销书（不过也有这样的例子，比如《五十度灰》，这本书虽然颇受指摘但还是获得了巨大的成功）。几乎不太可能预测哪些书会成为畅销书，因为这些特定因素与成功的畅销书之间没有明确、简单的关系。尽管如此，还是有人试图使用大数据来做这样的预测。

大数据

数学可以被比作一个工艺精湛的磨，可以将你的东西研磨到任何细度；但是，不管怎样，你能获得什么完全取决于你投入了什么；就像世界上最大的磨坊都不会从菜豆中提取小麦粉，所以一页一页的配方也无法让你从松散的数据中得到明确的结果。

——托马斯·赫胥黎（1825—1895）

真的是越大越好吗?

我们生活在一个大数据的时代，拥有前所未有的能力去获取——通常几乎是实时获得的——大量的数据，然后分析它们。有人说，这是解决民意调查问题的最有效方法——当你在处理混沌系统时不需要从整体的样本中得出结论，简单地把所有的数据堆积起来即可。可以说是大数据的第一次尝试，以一次人口普查的形式，引发了计算机革命。在1890年的美国人口普查时，工作人员试图拍下每个人的照片，但这需要花特别长时间处理所有数据，这样可能在1900年下一次人口普查之前都无法完成任务。

为了挽救局面，制表机公司采用了由美国发明家赫尔曼·何乐礼开发的穿孔卡片系统。他的设备不是计算机——它们只是简单地用电子机械的方式对卡片进行分类和选择——但他的公司后来成了IBM，而基于卡片的数据处理系统，则是基于计算机的同类产品的前身。

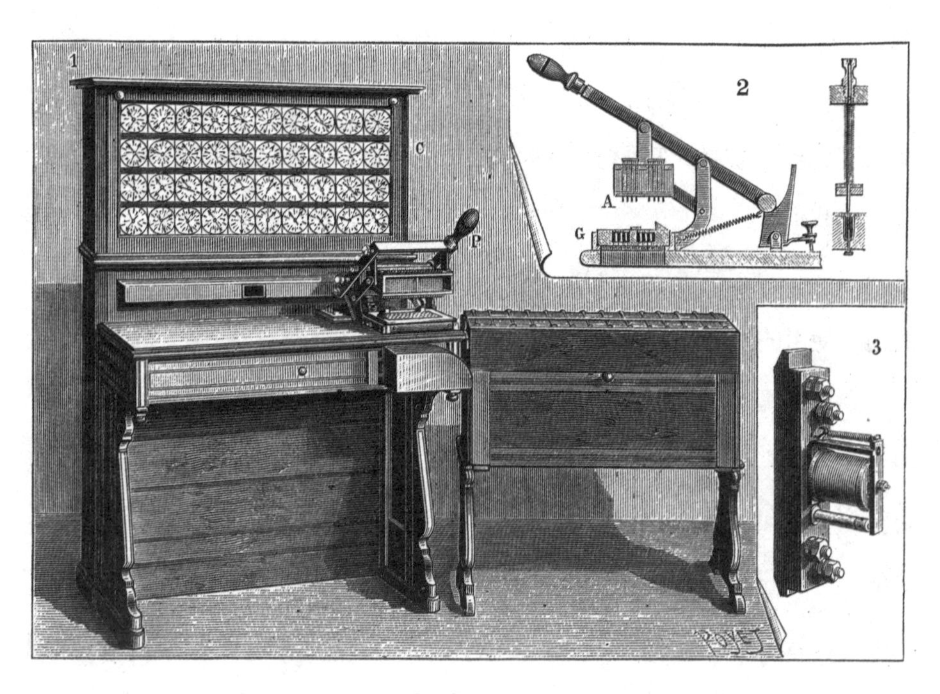

何乐礼制表机

1890年美国人口普查所用的制表机

然而，人口普查是一次性的任务。现代意义上的大数据直到21世纪才开始流行，那时公司和组织开始收集和处理关于人及其行为的大量数据。而且软件开始变得足够聪明，在没有人为干预的情况下可以开始筛选并操作这些数据。这通常包含人工智能（AI）或者是“机器学习”的元素，而不是人类设置处理数据的规则，计算机会自我发现链接和关联信息。

原则上，这是一件好事。我们清楚，我们努力去理解混沌系统——特别是当有人参与进来时，我们几乎总是在处理混乱的系统。（这听起来有点讽刺，但这并不是因为人们的生活过于混乱，而是因为生活中有许多相互作用的因素导致了他们的行为。）所以为什么不让人工智能系统分析正在发生的事情，并为我们做预测呢？这种方法已经被尝试过了，包括从信用评分到预测哪里会发生犯罪。但采取这种方法也存在严重的问题。

通过理解去识别

有两个利用人工智能系统获取大量数据并为我们做出推断和预测的经典问题，第一就是，它们没有理解能力；第二，它们表现出过度适应的倾向。让我们依次来看。我们很容易被“人工智能”这个词愚弄。人工智能系统其实不是很聪明。它们找到模式规律并加以利用——这当然是人工智能通常使用的手段，但人工智能系统其实并没有理解它们在做什么。

尝试在图像识别中使用人工智能就是一个很好的例子。识别图片中的内容是人类非常擅长的——但是传统意义上，这正是机器不擅长的。人工智能似乎提供了与人类类似的能力。假设我们想要图像识别软件挑出图像中的一个特定点，比如一副滑雪板。其实很难具体说明一副滑雪板到底是什么，从任何角度、任何方向，都不太一样。但机器学习系统不需要我们这样做。相反，我们展示给它们数百万张照片，并告诉它们哪些有滑雪板。随着时间的推移，这个系统在识别滑雪板方面就会表现得越来越好。至少看起来是这样。

问题是我们不知道这个系统是用什么来识别滑雪板的——它当然不能像我们那样识别滑雪板。它只是能很好地通过我们展示的照片选出正确的图像。然后当我们开始使用这个系统时，每当我们给它看以雪为背景的一张照片，它就会告诉我们照片里有滑雪板。因为绝大多数滑雪板的照片在机器学习的过程中同时也会出现雪，而且是一片广阔的比滑雪板更容易被发现的雪地——其实它一直在寻找雪而不是滑雪板。

更糟糕的是，程序员已经能够证明，总是可以用在人眼看来微不足道的东西愚弄人工智能图像识别系统。一个令人担忧的例子就是自动驾驶汽车中使用的识别系统。我们制造出一种小贴纸，对我们来说只不过是一团乱麻；这时我们把它贴在“停止”标志上面，自动驾驶汽车就会把它当成限速标志。用这些系统来识别当时的东西后再由人来检查就完全没有问题，但让这样一个系统完全根据自己的决定采取行动就十分令人担忧了。

自动驾驶汽车

自动驾驶汽车对前方道路的识别能力依赖于对路标的可靠识别

通过前面已经看到，找出一些没有任何意义的相关性是多么容易。比如维根的石油进口和火车碰撞事故的例子。这样做是可能的，因为寻求虚假关联的个人可以搜索大量的数据。有了足够的数据，那就必然会有一些巧合的关联。但在大量数据中搜索数据正是大数据人工智能系统最擅长的。因为机器缺乏理解能力，所以它们无法发现收集到的信息里的明显联系。此外，它们还存在过度拟合的问题。

过度拟合的现实

预报员有一个问题。他们通常拿过去的数据，并试图推断未来。他们的论点是：这是以前发生过的事，我应该能够推断（严格地说，是能够归纳）接下来会发生什么。不幸的是，现实的行为很少是美好和平稳的。即使是非混沌数据也会有“异常值”——例如，有些事情暂时偏离了正常轨迹，而我们已经看到，混沌数据会有更极端的跳跃。这是混沌系统本质的一部分。

当我们试图弄清楚发生了什么时，把它投射到未来，人们早就认识到存在着“过度拟合”的危险。所谓过度拟合，指取过去每一个数据点并构造一个能够精准生成这组数据的模型。问题是这个模型被如此精确地固定下来，那么它就只能复制同样的结果。在实践中，模型与现有数据的契合度要相对低一些，这样它才能够适应未来的变化，这里通常只使用相对较少的变量。

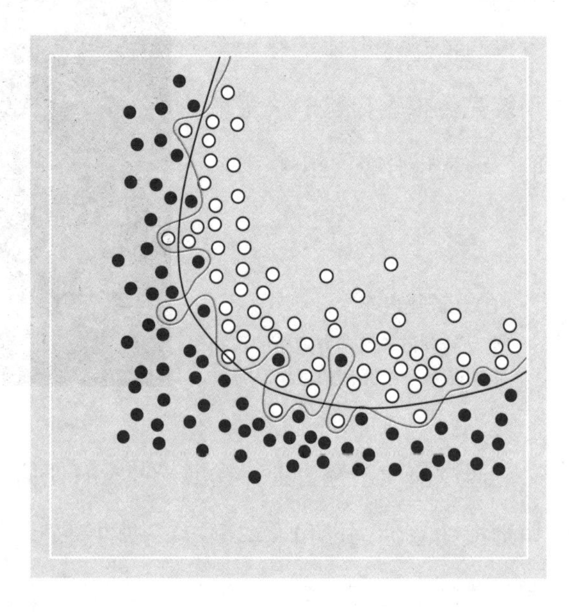

过度拟合

黑点和白点边界的合理拟合线是黑线。将线拟合到每个点（红线）会生成一个仅适用于这组特定数据的图

不过，机器学习系统很容易过度拟合数据，并且拟合出大量在现实中没有基础的参数。但这仍然是可行的，它还是能够准确地预测其训练数据（它从中学习的基础数据）未来会如何变化。但对于任何没有包括训练数据的应用程序，往往会使这样的系统变得毫无用途。当然，这些系统的开发人员试图阻止这种情况发生，但机器学习的重点是我们不告诉系统如何进行工作。那么缺乏理解仍然是一个问题。

再看畅销书问题

正如我们所看到的，出版商没有很好的方法来确定购书的公众这样一个混乱系统对新书的反应。但在一本叫《畅销书密码：畅销小说剖析》的书中，美国学者马修·乔克斯以及编辑朱迪·阿彻认为使用人工智能和大数据成功预测畅销书是可能的。作者说他们的系统“可以阅读、识别和筛选成千上万本书中的成千上万个特征”——其实这就是产生巧合相关性和过度拟合的一个秘诀。

作者并没有声称他们的系统将会挑选出好的文学作品，但是可预测潜在销量。毫无疑问，它会识别一些“我也是”的书，这些书能在畅销书排行榜上有不错的表现。但是从乔克斯-阿彻模型建议作者应该避免的话题列表中可以清楚地看出，这种方法存在严重的问题。根据这个体系，要想成为畅销书，作者应该避免诸如玄幻类、非常英式的话题、性话题和关于身体描述的内容。所以这就意味着，《权力的游戏》和《指环王》都不是潜在的畅销书，更不用说詹姆斯·邦德或哈利·波特等人物，甚至大多数成功的青少年书籍、谋杀悬疑书籍以及《五十度灰》。这种方法可能产生相对安全的图书，但遵循这样的规则肯定不是一种创作伟大的原创小说或下一个新的大事件的有效方法。因为这不是混沌的运作方式。

总的来说，人们对人工智能系统可以影响我们的生活这一点存在着严重的担忧，这些系统基于某些因素做决定，而这些因素对任何有理解力的人来说都毫无意义。许多政府都很谨慎，并试图通过要求使用这些系统的机构建立透明度，从而保护公众。但说起来容易做起来难。

当机器学习系统做出决定时，产生这一决定的因素往往是混乱的，这一决定背后其实没有明显的逻辑。要求决策的透明度和解释其实一直是存在争议的，如果执行那就意味着要么放弃人工智能系统，或者更有可能建造更复杂的人工智能系统使它们能够构建一个逻辑体系用于做出决定，而不是一套不可理解的富含不同因素的权重比较。在这个行业工作的人有时抱怨立法者不理解技术——但在这样做的过程中，技术专家强调这是我们都面临的问题。除非技术能提供做出决定的逻辑解释。其实技术的不成熟才是问题关键。

透明度

由于机器学习人工智能系统从大量数据中得出自己的规则，为一个决定提供一个逻辑解释可能是极其困难的。为了让人工智能系统变得透明，它需要制定一个人类可以理解的逻辑过程。

走出混乱

科学就是试图使我们感性经验的混乱多样性符合逻辑上统一的思想体系。

——阿尔伯特·爱因斯坦（1879—1955）

混沌并不总是混乱的

20世纪70年代，在混沌这个词被给出数学定义之前，只有爱因斯坦最初给予定义：一个随机的、通常是危险的、无形的混乱。如果那些使用这个术语描述数学定义的人用其他的词汇来定义这个现象，感觉会更好。因为很难把这个词和它的原始意义区分开来。不错，我们预计混乱将是一种无政府般的混乱。这是有可能的，但大多数时候并不是这样。

想一下洛伦兹最初的发现。从传统意义上讲，天气当然是混沌的。但通常情况并非如此。想象一下宁静的蓝天，甚至是稳定地从天空云层中落下的雨水。天气依旧是数学上的混沌——但它不一定会带来传统英语意义上的混沌或希腊神话中原始的空虚。

我们已经看到了混沌系统一般具有吸引子——相对容易地从大范围的不同的起点到达平静的岛屿。到达那里的路线可能完全不可预测并疯狂地变化，但其目的地仍然是井然有序的。混沌系统同样可能导致某种程度惊人的东西出现，这种东西可以被认为是混沌的对立面：同步性。

自发的同步性

令人满意的是，就像混沌一样，同步性是另一个并不完全是其传统的意思的词。它给人的感觉（并不是很常用）好像在表示同步状态。那么一个具有同步性的系统意味着存在时间依赖的规律性，比如运动，贯穿整个系统的一部分或全部。事实上，这个词是由瑞士心理学家卡尔·荣格发明的，用来描述那些在时间上重合并且相互关联但没有明显的因果关系的事件。（这就是巧合，卡尔）

因此，在这个定义中，同步性是指没有因果关系的相关性。荣格举了一个中国人占卜系统的例子——易经。有时看起来有意义的预测都是因为巧合，但是没有因果机制。混沌会导致一种更有意义的不同版本的同步，几乎是与荣格的观点相

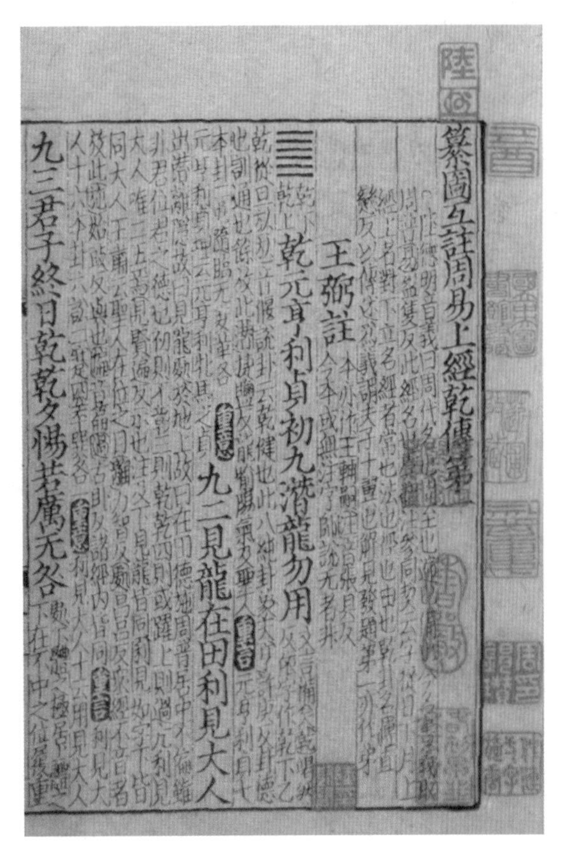
纂圖互註周易上經乾傳第一
王弼註
乾元亨利貞初九潛龍勿用
九二見龍在田利見大人
九三君子終日乾乾夕惕若厲无咎

《易经》

宋朝(960–1279)印刷本《易经》的一页

反，两者之间通常存在因果关系，但这并不明显，受制于系统的混沌本质。

我们遇到的第一个混沌系统是一个悬挂钟摆。而另一种钟摆，一个所谓的耦合钟摆，会展示混沌如何产生同步动作。两个相同长度的钟摆悬挂在同一个物体上，当一个钟摆启动时，摆动会逐渐转到另一个钟摆上，然后再转回到第一个上，就这样来来回回持续下去。当两者都在运动时，它们的运动是同步的。这是由发明摆钟的荷兰科学家克里斯蒂安·惠更斯首先观察到的。

这不是一个随意的发现。在十七世纪，海洋导航员在确定船只所在的经度（即地球表面东西向的位置）时遇到了一个大问题。纬度相对比较容易用太阳正午的位置来测量，但确定经度需要准确测量所处位置和地球上已知地点的时间差。惠更斯与苏格兰科学家亚历山大·布鲁斯合作，想看看他新发明的钟摆是否可以应付船在海上的运动，并将一对钟摆安装在一艘从西非出发的船上。

有两个钟摆，其中一个作为备用——如果有一个由于海水的剧烈运动而停止，可以很容易地将它重置为另一个给出的时间。后来发现，虽然没有遇到风暴而且初次试验也取得了成功，但这种方法被证明是无效的。部分原因是钟摆不够精确，同时也因为它们非常容易受船的运动影响，所以两者完全有可能同时停止。但是在尝试用不同的方法悬挂它们的时候，惠更斯发现了这两个固定在同一根木梁上的钟摆在运行约半小时后，会同步摆动，尽管方向相反。

在过去的几年中，这种效应多次被发现，直到19世纪，才有了明确的解释。那就是能量通过连接它们的连接杆在两个钟摆之间传递，一开始会很混乱，直到它们的运动相位完全相反——彼此的动作呈镜像，然后传递的能量在两个钟摆间相互平衡。

最近的研究在钟摆同步方面还发现了更多值得注意的东西。2002年，阿拉斯加大学的物理学家詹姆斯·潘塔利昂做了个实验装置，用两个节拍器——用于在音乐练习中提供规律的滴答声来设定时间的倒立钟摆——架在立于一对汽水罐的木板上。这应该是惠更斯发现的最愉快而又便宜的实验证明了。然而，奇怪的事情还是发生了。

节拍器确实同步了，但不是像彼此的镜像一样静止下来和移动，它们虽然同步了，但都朝着同一个方向移动。在进一步的实验中，荷兰埃因霍温理工大学的研究表明，秘诀不在于饮料罐，而在于连接杆的相对轻度。用一根轻杆时，钟摆以相同的方向同步；用重杆则在相反的方向摆动。这可以确定：用轻杆时运动通过杆连接有效的耦合，就像是两个钟摆是相互连接的而不是来回击打传递能量。

同步钟摆

在惠更斯的实验中，固定在同一根木梁上的两个摆钟的钟摆会反向同步

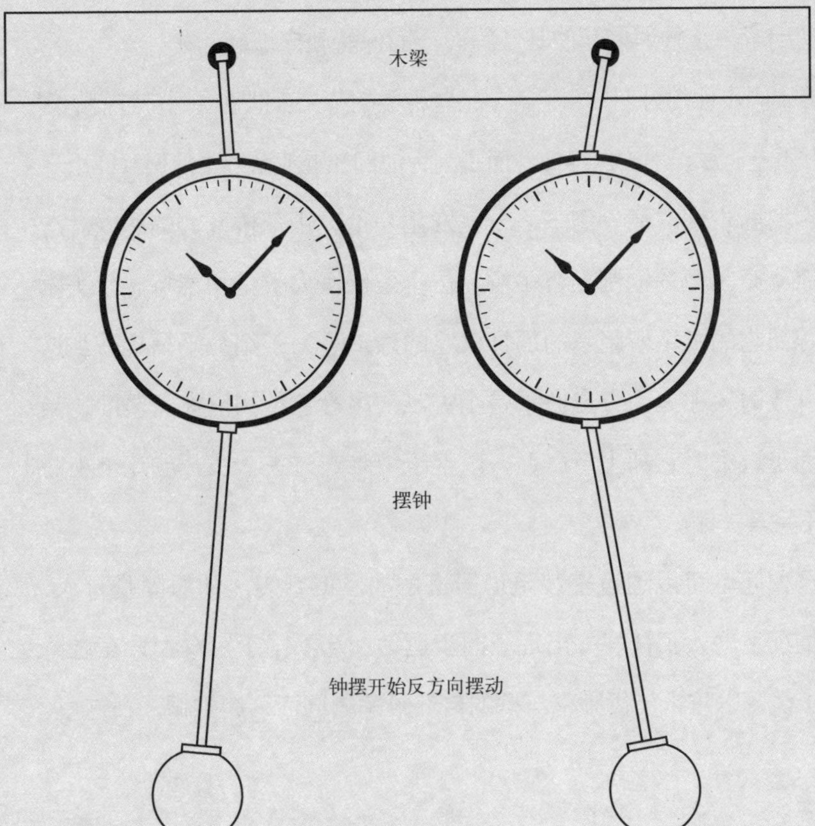

月亮、萤火虫和桥梁

类似的效应产生了一种我们非常熟悉的现象，但我们却很少想起它，当你注意到它时却又很令人困惑。月亮对我们总是露出同样的面孔。它不像平克·弗洛伊德乐队所唱的，有“黑暗的一面”——月球的背面接收到的阳光与对着地球的这一面接收到的阳光一样多。但同一面总是朝向地球，这就很奇怪了。如我们所知，月亮是围绕我们的星球运行的，那么唯一的解释就是月球的自转速度刚好可以抵消掉它绕着我们公转的速度。

这似乎是一个非凡的巧合——如果只是巧合，那就太不可思议了。其实，它是另一个同步性的例子。月球和地球都不是完美的球体。因为地球的引力在月球面朝地球这一边更强，这一侧稍微向地球伸展。这有点像在骰子的一边放一个重物。当这个加了重物的骰子滚动时，它更有可能出现与加重物相反的那一面。类似地，月球离地球近的那一面感觉更像是当月球旋转时受到的地球引力更大。随着时间的推移，月球的自转在这种引力的推动下达到了一定的速度，使其始终有一面保持朝向地球。

自然界中同步性的另一个例子就是某些种类的萤火虫似乎会同步它们的闪光。它们并不是有意识地去这样做，而是因为他们在混沌系统中的相互作用。

这种自发同步性的最好例子之一就发生在伦敦千禧桥开放的时候。这是一座横跨泰晤士河的钢制人行吊桥，位于圣保罗大教堂和泰特现代美术馆之间。正如它的名字所暗示的那样，它的建造是为了纪念千禧年。当这座桥首次开放时，在上面行走似乎是个灾难。尽管它结构巨大而坚固，当人们从上面走过去时它却上下震荡，以至于很难走过去。在开放几个小时后，不得不将其关闭。

桥的这种问题可以通过安装阻尼器来解决。但它震荡的原因是行人，在混沌的情况下输入了许多并出现了同步运动。这不同于行军士兵在过桥时会改变步伐，以防止步伐频率与桥的自然频率相同而引起共振。在这里，传递给桥的动量是上下运动的，因为桥上人的步伐走得完全不一致。但是当我们走路的时候，我们会自然地左右摇摆。在一大群人穿过桥的混沌情况中，这时同步性突然出现了：如果有更多的人朝一个方向摇摆，那么将在桥面上引起极其微小的左右晃动。尽管极其微小，但这在不知不觉中鼓励了别人也随着它摇摆，并逐渐放大了这个效果。

阻尼器

利用弹簧或液压缸来吸收突然的动能的机械装置。汽车上的减震器是一种阻尼器。

因此，混沌可以超越预期。我们已经看到了，这对那些试图用传统随机数学方法研究混沌系统的行为并预测未来的人来说是一个多么大的问题啊。那么混沌理论如何能给我们一个实际的好处呢？意识到混沌是一回事，利用它又是另一回事了。

同步闪光的萤火虫

在田纳西州大雾山国家公园，萤火虫同步闪光

第六章

驾驭混沌

动荡时代

如果我见到上帝，我一定要问他两个问题：为什么有相对论？又为什么会出现湍流？我想，他至少能回答第一个问题。

——维尔纳·海森堡（1901—1976）

[——同样出自霍勒斯·兰姆（1849—1934）]

飞行常客的过山车之旅

坐飞机的人都不会喜欢这样的时刻——机长广播告诉大家飞机即将遇到气流颠簸，请系好安全带。在七英里（约11.27千米）高的天空中平稳地飞行是一回事，而在空中如同玩具一般在孩子手中嘎嘎作响是另一回事。更糟糕的是，当飞机撞到空气湍流时，它就会像失控的电梯一样突然下坠。

如果你在飞行中遇到湍流，至少有一点可以放心——历史上没有一架大型客机因湍流而坠毁（小型飞机有过）。但的确有很多人受伤，要么是被从行李架上散落的行李砸伤，要么是在极端情况下，因为没有系好安全带从座位上摔出受伤。但可以说，经历湍流最令人不安的一点应该是，它至今是物理学中最不为人理解的领域之一。很长一段时间以来，物理学家对此深感沮丧，但现在他们意识到这其实是因为湍流是混沌流体系统的一种特征现象。

空气是一种典型的流体，飞机所经历的湍流是由空气的突然流动引起的，特别是当相邻区域处于明显不同的温度时，这些相邻区域之间就会产生强烈空气对流。流体的运动由一组叫作纳维－斯托克斯（Navier－Stokes）的方程描述，这组方程是以法国工程师克劳德－路易·纳维和爱尔兰出生的英国物理学家乔治·斯托克斯的名字命名。联合命名并不表明这项成果是他们通过合作共同取得的，而是因为他们各自不同寻常的贡献。

纳维在1822年提出了这个方程组（当时斯托克斯才3岁），但他似乎犯了一些错误。纳维不理解其中的物理原理，也不知道他需要处理流体原子或分子之间的有效摩擦，但他的方程歪打正着，成功地描述了这一点。斯托克斯的名字被加到后面是因为在1845年纳维去世后，他正确地分析出了其中的物理原理，并推导出了相同的方程组，这使它们有了坚实的科学基础。

在最普遍的情况下，这些方程是以所谓的非线性偏微分方程出现的：这样的方程非常复杂，只有在相对简单的情况下才完全可解。“非线性”部分强烈地暗示着其中有混沌，就像它在数学中所做的那样，输出并不是简单地与输入相关。当流体的不同部分以不同的速度在不同的时间点加速时，湍流便会出现，此时流体无法继续作为一个整体或者一组层流平滑地运动，而是分为细小的部分各自向着不同的方向做着不可预测的运动。

心脏涡流

遗憾的是，目前普遍的情况是，尽管对混沌的理解有助于我们解释湍流发生的原因，但这种理解并没有为我们提供能够更好预测其行为的工具。一些湍流的模型在纳维－斯托克斯方程组的基础上进行了发展（例如，通过在时间轴上取平均值减少基于时间的加速度变化的影响）或对湍流进行数值模拟，但它们不能解决特定湍流例子中的混沌结果。即便如此，这些例子也能帮助我们理解正在发生的事情，比如，发生在心脏中的湍流，这是很有价值的。

所谓的心脏杂音通常是由心脏内部血液流动的湍流引起的，例如当心脏瓣膜稍微变形时，此时它周围的血液流动不再顺畅，患者就会感觉到心脏涡流，并且这能够通过听诊器诊断出来。

翼尖谜团

我们再回到飞机上来讨论第三个湍流的例子。让我们想象一个常见的情景：一架飞机到达跑道尽头准备起飞，但却在没有明显原因的情况下等了一两分钟，乘客们都等得不耐烦了，明明前面的飞机已经起飞了，但他们还得稍停一下。这样做的原因是：如果另一架飞机刚刚起飞，很可能会留下某种形式的湍流，这会使下一架飞机的起飞变得危险而不稳定，因此这架飞机不得不等待湍流平静下来。

这种湍流是由翼尖划过空气造成的。当飞机高速飞行时，相对狭窄的翼尖就会对前方局部区域的空气施加强大的压力，产生强大的剪切力，而剪切力会产生局部的涡流，这是种衰减的旋涡气流，即从翼尖尾端开始旋转的螺旋状气流。因此，现代飞机设法改进机翼的制备技术，以将这些影响降到最低。

翼尖涡流

当飞机的翼尖在空中划过时，就会引起翼尖涡流。这种现象可以通过空气压力下降导致的水蒸气凝结而形成的尾迹看到

在某些情况下，通过使用翼尖向上延伸的小翼来减少涡流。（这里“小”是一个相对的概念——大型客机上的小翼比人还高。）小翼穿过旋涡，并在它形成之前将其粉碎。这样的设计可不是特地为了帮助在跑道上排队

的飞机缩短等待时间，而是因为涡流增加了机翼的阻力（而通过增加小翼，反而增加了升力）。没有小翼的大型现代飞机在机翼的外部有特殊的形状，以打破涡旋。

对于翼尖涡流，了解混沌有助于我们实现我们想要的东西在空中飞行——但还有另一种更危险的可能性，而研究混沌对其也有帮助。

小翼降低涡流的原理

有无小翼的飞机翼尖与空气相互作用过程的比较。小翼（如右侧图所示）显著降低了产生的涡流

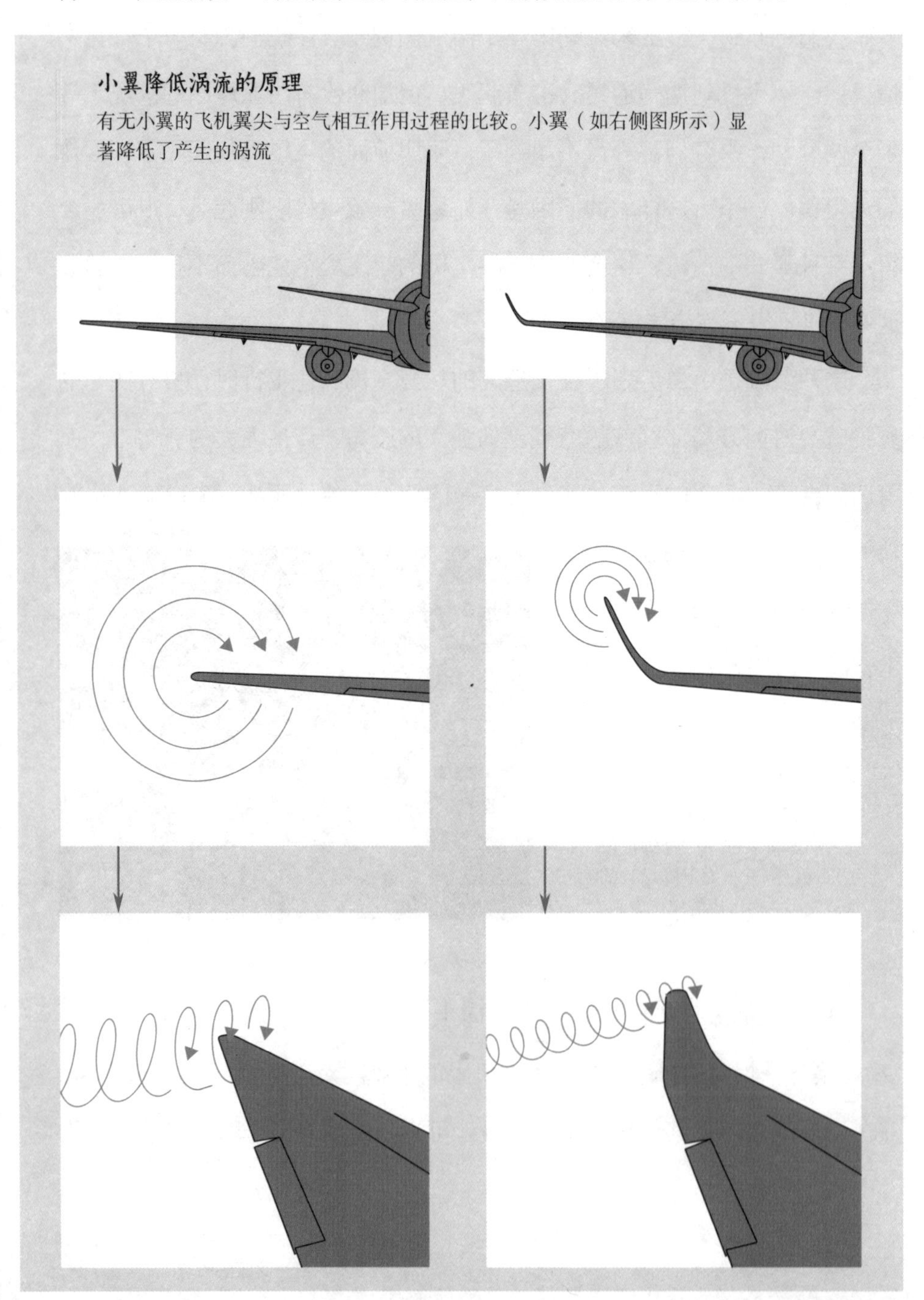

来自天空的危险

现在必须提出这个问题，我们是否能够理解，哲学家们所说的彗星预示着伟人的死亡和战争的到来。

——阿尔伯特·马格努斯（约1200—1280）

恐龙的灭绝

人类的存在（在一定程度上）得感谢大约6 500万年前的那场混沌导致的灾难。当时墨西哥湾的Yucatán半岛被一块6英里（10千米）宽（尺寸有争议）的岩石物质以每秒12.5英里（20千米）左右的速度击中了。这次撞击释放出的能量是巨大的——大约是第二次世界大战期间投在广岛的原子弹所产生能量的50亿倍。在撞击地点周围数百英里的范围内，一切生物都死亡了——但更严重的是，这次撞击激起的巨大火山灰和灰尘云在多年间遮天蔽日，地球温度骤降，恐龙也陆续灭绝，这才使我们适应性更强的哺乳动物祖先得以繁衍。

这不是地球第一次被小行星或彗星撞击，当然也不会是最后一次，尽管此后再也没有发生过如此大规模的撞击。由于地质构造运动、海洋和生物组织都会逐渐扰乱地面，掩盖碰撞的残留物，很难在地球上找到这些撞击地点。在墨西哥湾形成的希克苏鲁伯陨石坑直径约125英里（200千米），但直到1978年石油勘探时才被发现，因为它太隐蔽了。但看看月球，这种陨石坑往往清晰可见，你可以看到来自太空的数十亿年撞击的结果。

通古斯事件

来自西伯利亚通古斯河附近爆炸的空气波甚至在华盛顿特区也能被探测到。这次爆炸的成因众说纷纭，甚至有外星人和微型黑洞的说法。

伤痕累累的月球表面

没有地质构造活动，也没有海洋和生物的影响，月球上的陨石坑伤疤比地球上的要明显得多

在记载的历史中，我们有过相对较小的地外碰撞。也许最有名的是1908年在俄罗斯通古斯河谷爆炸的撞击物，它可能来自一颗彗星。值得庆幸的是，这是一个几乎无人居住的地区，但该物体直径超过150英尺（45米），并且抹平了周围19英里（30千米）半径范围内的所有树木。现代最壮观的例子也发生在俄罗斯——2013年在车里雅宾斯克附近爆炸的流星。它的体积要小得多，而且在半空中爆炸，但其爆炸释放出的能量仍然相当于一个大的核武器的能量。

我们无法预测确切的时间，但可以肯定的是，未来一定还会有灾难性的碰撞。

警报已经来了

恐龙没有机会在灾难来临之前做好准备。但我们凭借对物理学和远距望远镜的研究是可以做准备的。然而，混沌并不会轻易放过我们。正如我们已经看到的，三体作用是一个我们始终无法精确计算的引力问题。当一个潜在的陨石向我们袭来时，我们可以预测出它的运动轨迹，但也仅此而已。例如，一颗处于火星和木星之间的安全轨道上的小行星，它不仅会受到周围其他小行星和太阳的影响，也会受到即将出现的木星的影响。这颗巨大行星的引力会逐渐改变小行星的轨道，最终将其推向完全不同的方向。当我们试图预测这些变化的未来结果时，就会发现混沌给我们带来了极大的困难。

彗星的情况则更糟，它们没有固定在太阳系某个区域的类行星轨道上。相反，它们是从主行星以外的地方朝着太阳运动的，在这途中它们可能会经过一系列有影响力的大型天体，这些天体可能会对它们细长的轨道造成巨大影响。而更糟糕的是，彗星是自带动力的。当它们被太阳加热时，水和其他易挥发物质就会从它们身上蒸发出来，喷射一股气体和尘埃流，就像火箭发动机一样，将彗星推离轨道。

太阳系中的小行星

太阳系的小行星主要分布在两个地方：火星和木星之间的小行星带和所谓的特洛伊小行星带，它们是由于太阳和木星的重力场的相互作用而在木星轨道周围形成的行星带

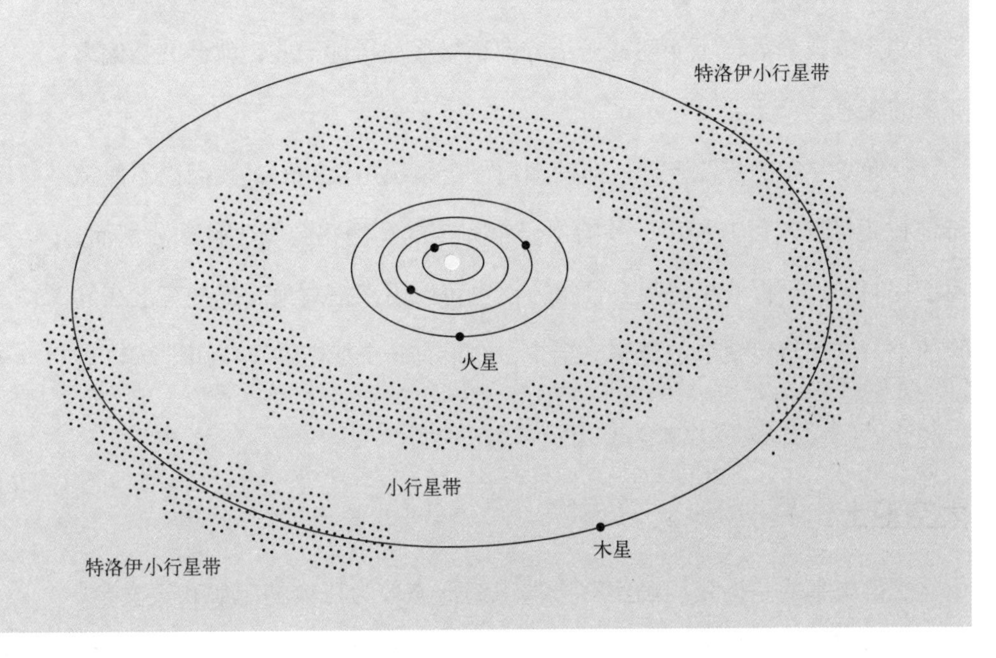

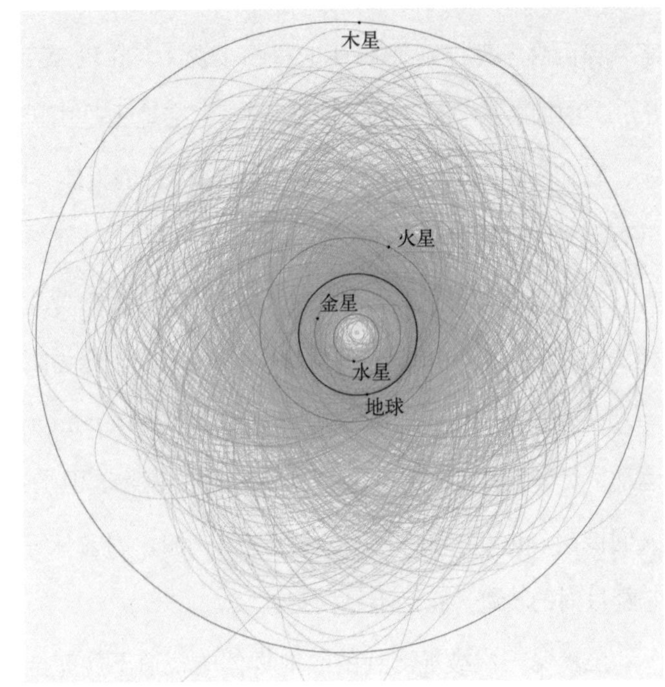

有潜在危险的小行星

截至2013年，在距离地球不到470万英里（750万千米）的范围内，已发现1400多颗直径至少为460英尺（140米）的小行星

当然，在大多数情况下，我们能够提前很好地预测彗星的轨道。著名的是，与牛顿同时代的埃德蒙·哈雷曾成功地预测了以哈雷命名的彗星的回归，尽管这颗彗星直到哈雷去世后才再次出现。但其他彗星在多次经过相对稳定的轨道后，可能朝着一个方向稍微移动得远一些，就会突然偏离原来的轨道。

就像数学中的混沌一样，即使知道一个系统是混沌的，我们也不能神奇地找到机理来解方程组，并给出一个完美的预测将会发生什么。然而，用于提高天气预报效果的集合预报方法也可以用来提高预测那些有潜在危险的小行星和彗星轨道的概率。至少，如果有一个撞击物飞得离地球轨道太近，我们就会知道。

太空卫士

值得庆幸的是，我们确实有一群组织形态较为松散的组织和天文台，以“太空卫士”的名义一起合作[这是一个明显的仿生艺术的例子，这个名字来自阿瑟·克拉克1973年的科幻小说《与拉玛会合》(*Rendezvous with Rama*)中的小行星碰撞保护组织]。太空卫士是由美国牵头的一个国际组织，它监视着太空中可能成为“近地物体”的天体，即那些离地球足够近，具有重大碰撞风险的天体。

位于夏威夷毛伊岛的全景巡天望远镜（Panoramic Survey Telescope）和快速反应系统（Rapid Response System），作为组成太空卫士的系统之一，在2017年发现了奇怪的雪茄状物体Oumuamua，它将继续围绕太阳运动，尽管它的距离还不足以产生碰撞的风险。但是由于它不寻常的形状，人们推测Oumuamua可能是某种宇宙飞船，因为从它的行为来看，尤其是它经过时的轨迹，它绝不是太空垃圾。

虽然第一次被观测到的入射物体的轨道不能完全确定，但太空卫士的想法是，如果风险水平达到足够高的程度，就尽可能早地向所有国家发出警报，以便它们考虑采取某种干预措施。这些干预措施可能是用快速运动的物体撞击目标，或者在这些不速之客上安装发动机来稍微改变其路径，甚至用炸弹炸掉它们，尽管最后一个方案是一个特别危险的方法，因为除非特别小心，否则小行星或彗星爆炸的碎片仍有可能撞击地球，造成大面积损害。美国国家航空航天局正计划用一艘名为DART的飞船进行拦截小行星的测试，该飞船旨在利用撞击来改变一颗名为Didymos的近地小行星的轨道。

一种自然的假设可能是，试图改变物体在空间中的轨迹是为了让它在其轨道上横向移动，但事实上，如果潜在的碰撞体只发生很小的改变，比如减速或加速，就不需要对它做任何改变。但请记住，地球并不是静止的。我们的地球家园在太空中是相对于太阳做高速移动的——大约每小时67 000英里（每小时107 000千米）。如果一个物体的运动轨迹会与地球相撞，但到达的时间稍晚或稍早，那么在它到达的时候，地球将不再在它的轨道上。

虽然混沌的存在导致太空卫士无法百分之百保证我们的安全，但只要意识到这是一个潜在的混沌系统，我们就有可能做好准备。混沌也有有益的一面：混沌在加密中就扮演着重要的角色。

混沌的秘密

和大自然的无限秘密比起来，我所知的实在微不足道。

——威廉·莎士比亚（1564—1616）

隐瞒消息

自从有文字记载开始，人们就想出了各种方法来隐藏信息，不让人们窥探。总的来说，有三种机制：一是将信息隐藏起来，通常是灯下黑，以便只有那些知道如何找到它的人才能阅读它；二是使用暗号，给单词或短语赋予与通常完全不同的含义；三是使用密码，根据一组预先确定的数学规则，将消息的组成部分（通常，但不总是字母和其他字符）替换成其他等价的组成部分。

一些最古老的方法包括第一种方法——它仍然是最有效的方法之一，因为明面上没有任何信息。早期的方法（如果不赶时间）是剃掉送信人的头发，把信息写在他或她的头上，然后等头发长出来，隐藏文本，直到再次剃掉头发。一种更快的方法是在书架上放置一套选定的书，按照书脊上的特定字母的排列顺序拼出信息。如果不知道这些书是传递信息的媒介，实际上是不可能发现正在传递的信息的。

军方和情报部门在传递比较简短的信息时经常使用暗码。例如，单词HELLO在密码本中就可能代表着“周五晚上8点在华盛顿的史密斯酒吧见面”。含有“HELLO”字样的短语可以放心大胆地传递甚至直接放

A B C D E F G H I K L M N O P Q R S T V X Y Z W EA OO SH TH ST YE CT AV EV FF ET OV

Nulles

January. Februarie. Marche. Aprile. Maye. June. Julye. August. September. October. November. December. Ponds. Angels. Crownes. Ducats

This note I shall always double the Caractere proceeding the same. | This ☐ for the punctuing of periodes & sentences | This V for Parentheses | This ʒ to anul his precedent.

The Pope	the Earle of Arondell	the E: of Angus	Madame	waye	yow	for
The king of France	the Earle of Oxforde	the E: of Atholl	Maiestie	because	your	to
the k. of Spane	the Earle of Sussex	the E: of Argyle	your Maiestie	day	with	will
the Emperour	the Earle of Northumberland	the E: of Arran	My good brother	sent	which	wee
the k. of Denmark	the E: of Leycester	the E: of Gowry	My lord	send	what	who
the Q. of England	the lo: H: Haward	the E: of Huntly	Maister	affect	wher	when
the Q. of Scotland	the E: of Shrewesbury	the b: of Glasgo	I pray yow	counsell	have	were
the Q. of France	the E: of Huntington	the Sp: Ambassador	most	service	had	are
the Q. mother in France	the lo: great Treasurer	the lord Seton	ernestly	support	hath	be
the k. of Navarre	Sr. Christofer Hatton	Italie	thanke	religion	shall	so
the Q. of Navarre	the lord Cobham	Englande	humbly	catholik	self	
the Pr. of Scotland	the lord Hunsdon	France	humble	practise	that	
the Duke of Anjou	the E: of Westmorl:	Spane	comand	enterprise	the	
the Imperatrix	the E: of Bedford	Scotland	frende	[illegible]	this	
the Duke of Savoye	Mr. Walsingham	Ireland	matter	cause	from	
the Duke of Florence	the Comtesse of Shrew	Flanders	Intelligence	dilligence	his	
the Duke of Lorraine	the lord Talbot	the lowe countryes	affaire	faithfull	him	
the Duke of Guyse	the lord Th: Haward	Rome	dispatche	warre	she	
the Prince of Orange	Sr. Wil: Cicil	London	packet	soldiors	her	
the Duke of Mayne	the lord Scroope	Paris	letter	money	any	
the Duchesse of Parma	the E: of Hartford	Edenburghe	answer	munitions	may	
the Prince of Parma	his eldest Sonne	Barwick	bearer	armour	of	
the Card: Granuelle	his second Sonne	Tynmouthe	wryte	heaven	me	
the Duke of Alua	the Earle of Darby	Sheffield	secret	castel	my	
the Duke of Lenox	the lord Strange	the Tower of London	aduise	shippes	to	
Mons. de Mauvissiere	Charles Arondell	the bushop of Rosse	aduertis	Crowne	by	

STATE PAPER OFFICE

玛丽女王的密码

苏格兰女王玛丽被囚禁时使用的密码（约1586年），结合了简单替换常用单词的特殊符号和一些没有意义的“空符号”，有效提升了信息的迷惑度

到网上：没有密码本，就无法破译，这些暗码可能会对应任何含义。然而，如果不小心弄丢了密码本，那些应该理解它的人也是无法阅读它的。此外，总有一种风险，即密码本的副本可能被泄露，密码本就失去了意义。

相比之下，通信密码不需要密码本，而仅仅是一套规则。发送方和接收方只需要有一套一样的规则。最简单的形式是按字母表顺序进行固定的替换，也就是所谓的凯撒密码。例如，如果你的规则是向前移动两个字母，那么单词HELLO就变成了JGNNQ。但是像这样简单的密码很容易被破解。更复杂的密码会使用密钥——通常是一个单词或短语——把每个字母对应的数字“添加”到信息中。例如，如果密钥是COMPLEX，我们会在HELLO的H上加上3（C），使它成为K，在E上加上15（O），使它成为T，以此类推。这意味着紧挨着的两个相同字母不会使用相同的数值进行加密，因此在HELLO示例中，两个L通常不会被加密为相同的字母。

最好的密码是一次性密码，密钥只使用一次，密钥是一组完全随机的字符。这意味着加密的信息也是随机的，用传统方法无法破解随机密码。但这种方法的问题是，随机密钥仍然必须分发给消息的发送方和接收方，而这样就存在着被拦截的风险。

一把混沌的密钥

目前互联网上通用的加密手段通过使用公钥-私钥系统解决了这个问题。这是一种特殊的加密手段，加密和解密使用的密钥是不同的。加密密钥是公开的，所以任何人都可以发送加密消息给你，但只有你有解密密钥，所以只有你可以读取对方所写的内容。这种方法是可以破解的，但如果私钥位数足够大，破解在数学上就非常困难，如果没有密钥，计算机得花上几个世纪才能破译它。相比之下，使用量子物理中同时在两个位置生成真正随机值的加密技术正在逐步实现，尽管距离广泛应用还有一段距离。

想要一种方便使用且保密效果好的加密方法需要付出巨大的努力，因为新技术不断使破解方法变得更容易。大概从1989年开始，人们就投入了巨大的努力来研究如何利用混沌的不可预测性来产生一种加密形式。在某些情况下，这是通过模拟一个混沌系统的波动来产生伪随机值（成为密钥）来实现的，这些值是完全不可重复的，就像一次性密钥。

与传统的一次性密钥相比，使用混沌函数作为密钥的最大优势是：发送者和接收者不需要冗长的密钥，所需要的只是函数的细节、所使用的过程（它本身是无用的）和一些决定函数初始值的参数。如果没有这些初始值，几乎不可能复现密钥序列。通常，结果会是一串0到1之间的长数字，作为密钥使用，例如，轮流取由混沌函数产生的每个数值的最右边的数字作为密钥。

尽管这些数字看起来非常接近随机，而且使用的小数位数越多，破解这个系统就越困难，但还是有人担心这种方法是否绝对安全，也担心处理这些数字来加密和解密信息的耗时是否会非常长——这个过程通常涉及大量的计算，所以非常缓慢。另一个问题是，开发混沌加密的方法通常是由数学家或物理学家设计的，他们没有经验来有效地检查加密的强度。当密码学专家来检测这些加密系统的强度时，他们发现有时竟然能够轻易破解。

在图像加密领域，人们对利用混沌进行加密特别感兴趣。好的图像加密手段需要一个非常大的密钥，使用混沌方法，可以从相对少量的信息中生成任意长度的密钥。图像加密通常是通过随机改变指定像素颜色的值或通过交换具有随机相对位置的像素来加密。在这两种情况下，许多混沌算法都能够产生适当的伪随机变化，但同样，加密专家经常可以破解加密。毫无疑问，混沌可以提供极好的加密；但是问题似乎在于如何确保一个特定的方法足够安全。为了确保安全性，我们就需要用数学来解决混沌带来的常见问题。

算法

执行一项任务的一系列逻辑指令。通常（但不必定）以计算机程序的形式实现。

交通混乱

交通拥堵是车辆造成的，而不是人本身造成的。

——简·雅各布斯（1916—2006）

交通怪象

经常开车的人都会觉得交通堵塞难以预测，也毫无逻辑可言。在高速公路上，可能会出现长时间的拥堵，但一旦车辆开始移动，却发现造成拥堵的源头处没有什么特别的原因。而当车流在道路上走走停停时，几乎不可避免的是，无论你在哪个车道上，似乎都会觉得自己这条车道是最慢的。

后一种效应纯粹是心理上的，尤其当你的车道被夹在中间，这种感觉会特别强烈。这是因为你对其他车道里车辆的移动印象更深刻；当两边都有车道时，这种感觉会被放大，两边的车辆都可能比你快。即使另一条车道被堵了，那条车道上的车看起来也还是比你快，因为在前面会车的地方，所有来自他们车道的车辆都会进入你的车道。

然而，在交通堵塞中，真正难以预测和分析的是堵塞形成的方式，因为堵塞的结构十分混乱。很大程度上，路上的车流很像管道中的流体。在正常情况下，车流是平稳的层流（各个车道互不影响），但它可能会经历某种形式的湍流，那么作为一个整体系统，它会变得混乱，因此会发生速度的突然变化，司机反应过度从而引起更严重的拥堵，并引起连锁反应。

交通堵塞

加州商业市长滩大道高速公路上的交通堵塞

车流中的蝴蝶

车流中出现的混乱本质是一种蝴蝶效应。一个司机可能会做出意想不到的举动，例如，从一条车道突然换到另一条车道，导致它周围的车辆刹车或变道。前车的刹车灯会使后面的司机也刹车，于是整个车流都陆续减速。

司机随机应变的能力，虽然对安全驾驶至关重要，却增加了车流行为的复杂性，使混乱行为更有可能发生。这使得交通流就像一种“非牛顿流体”，这种流体会在压力下更黏稠甚至凝固，就像加了奶油冻粉或玉米淀粉的水溶液。就像这样的非牛顿流体一样，当距离很近的汽车被挤在一起时，它们往往会“变黏稠”，在高速公路上减速。正是由于这样，和直觉相反的是，如果汽车以较慢但稳定的速度行驶，而不是高速行驶但频繁地刹车，那么整个车流可以行驶得更加高效。

不幸的是，交通管理的实时性意味着通常来不及应用气象学中的集成预测方法，因此，即使知道了混沌行为的机理也无法解决交通堵塞；因此，交通管理更倾向于使用临时安排的方法。然而，在处理一些时间跨度长的对象，如种群数量，大家开始意识到混沌理论非常有用。

非牛顿流体

牛顿假设流体在压力下的黏度（对流动或黏稠性的抵抗性）保持不变。然而，有些液体，如非滴漏的油漆和番茄酱，在压力下会变得不那么黏稠，而另一些液体，如奶油冻，在压力下甚至会变成固体。

人口恐慌

在不加限制的情况下，人口将呈几何级数增长。而生活资料呈算术级数增长。只要对数字稍有了解，就可以看出生活资料的增长无论如何也赶不上人口增长。

——托马斯 · 马尔萨斯（1766—1834）

斐波那契的兔子

自然界中经常出现一组数字，叫作斐波那契数列。开头是两个1，之后每个后续的数都通过前两个数相加产生。这样生成的数列是1，1，2，3，5，8，13，21，34，55……这个有趣的过程最早是在一份公元前200年之前的印度数学手稿中发现的，但将这个数列呈现在西方的视野中的是13世纪的意大利比萨的数学家列奥纳多，他更广为人知的绰号是斐波那契（这个绰号在意大利语中是“斐波那契之子”的缩写）。

斐波那契在1202年写了《计算之书》(*Liber Abaci*)，书中讨论了之后以他的名字命名的数列。他写这本书的主要目的是把阿拉伯数学带到欧洲，包括使用起源于印度、我们现在通常称之为阿拉伯数字的数字符号。这并不是西方历史上第一次对罗马数字的巨大改进，但斐波那契的书恰到好处地成为推广这种数学体系的导火索。然而，从我们的视角来看，这本书里最重要的内容是斐波那契在《计算之书》中对兔子繁殖的讨论。

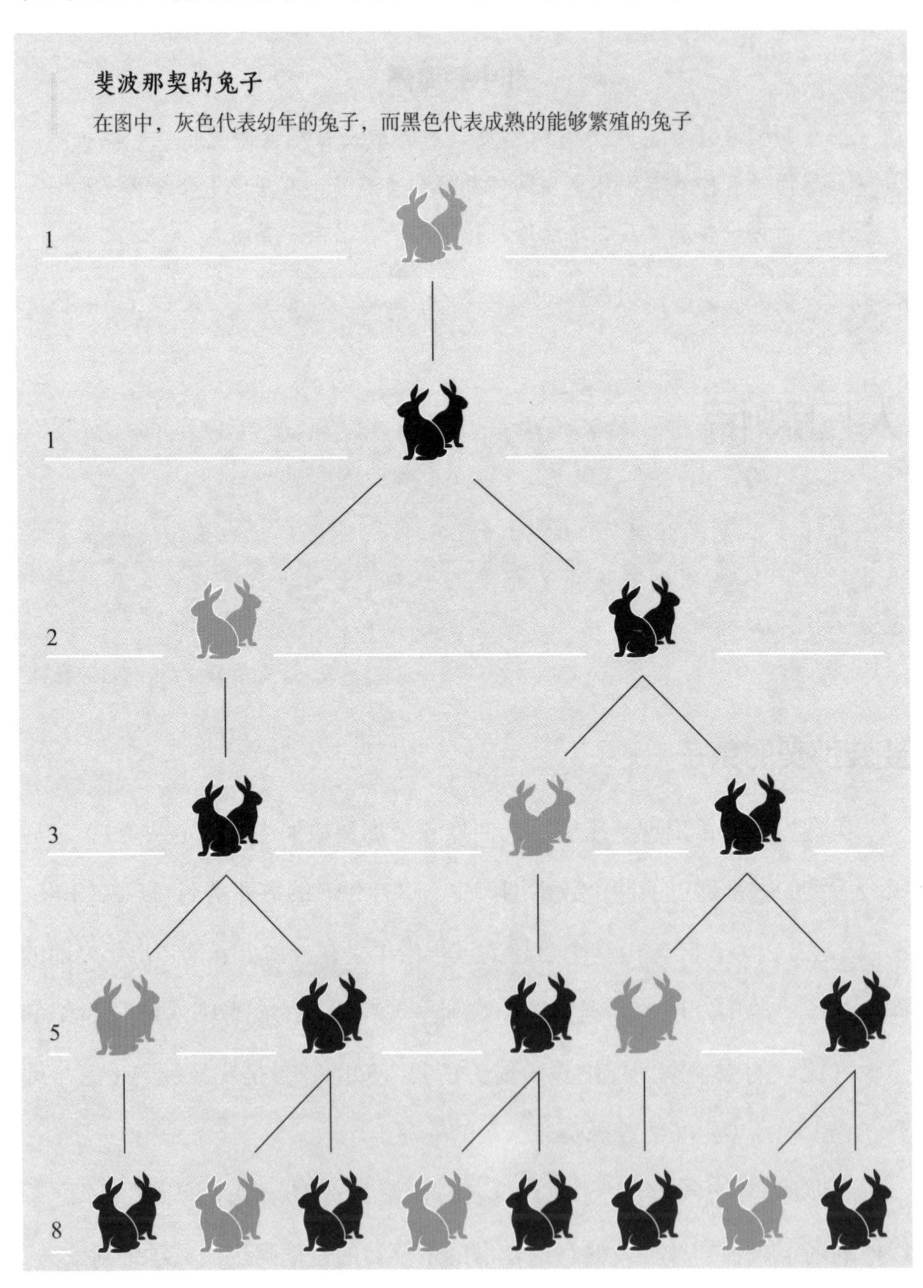

斐波那契使用了一个基本的种群模型，最开始有一对幼年兔子。在这个模型中，兔子需要一个月的时间成熟，一对成年兔子每月会生出一对（一雄一雌）幼年兔子。之后的每个月，均是如此。而且兔子没有寿命限制。最初，有一对幼年兔子。一个月后，这对兔子变成了成年兔子，但没有后代。一个月后，它们会生下第一对幼崽，于是我们就有了两对兔子。在第三个月结束时，第一对再次分娩，此时第二对刚成熟。现在我们有三对——两对成年的和一对幼崽。在第四个月结束时，两对成年兔子都生下了后代，此时第三对成熟了。如此我们就有了5对：3对成年兔子和2对幼年兔子。到目前为止，这个数列是1，1，2，3，5……如此这个模型完美地呈现出了斐波那契数列。

真正的兔子

斐波那契数列经常在自然界中出现。例如，植物的花瓣或种子的分布由于植物生长的顺序会呈现出这种数列。但事实中，这个数列在动物种群中却没有出现。在某种程度上，这是因为动物种群规模会迅速变得不受控制的庞大——这个数列没有限制，而且增长得越来越大，越来越快，朝着无限大的方向发展。部分原因是模型中没有动物死亡，但失控的族群增长是不现实的，因为动物之间的互动，以及动物与环境之间的互动，远比该系列呈现出的规律要复杂。

即使考虑到这些因素，很长一段时间以来，人们都认为种群数量会正常增长。除了极端情况的影响——恶劣的天气、疾病的暴发，以及类似的情况——人们还是期望种群会快速增长到环境能够支持的水平，然后稳定下来，达到某种平衡。但是，正如我们已经知道的，在20世纪70年代，澳大利亚科学家罗伯特·梅意识到，当种群规模从一个时期到下一个时期的增长率达到一定水平时，会发生一些奇怪的事情。

在相对较低的增长率下，种群规模的发展确实和预期一样。种群规模会逐渐增加，直到达到所谓的“承载能力”——实际上是在特定环境下能够承受的最大人口。比利时数学家皮埃尔·弗朗索瓦·韦吕勒在1838年发现了一个相对简单的方程可以用来描述这个规律。但梅发现，如果将种群规模增长率设定为三倍或更多，就会发生一些奇怪的事情。动物的数量不会稳定增长直到平衡，而是一直高低震荡。随着梅逐渐提高增长率，种群数量开始震荡分裂，即所谓的分岔，转变为4、8甚至在其他值之间振荡。这就像水龙头滴水的周期倍增。当增长率略低于3.57时，结果变得完全随机。这是典型的混沌行为。（事实上，正是在美国数学家詹姆斯·约克和李天岩在一篇描述梅的效应的论文中，“混沌”一词首次被用于数学领域。）

在这里，由于影响种群大小的不同因素的相互作用，研究种群动态领域（研究环境中特定生物数量的变化）的科学家们必须考虑这种走向混沌的趋势。和往常一样，混沌数学不能让我们对将要发生的事情做出具体而准确的预测——相反，它明确地表明这种预测是不可能的，但它确实意味着，例如，当一个种群的数量突然出乎意料地下降时，重要的是不要假设这是一个新的、剧烈的外部影响的结果，很有可能仅仅是混沌导致的。在初始条件中加入大量的微小的差异来进行建模，从而将概率应用于种群增长。

种群规模混沌是生活中的一个常见现象，但混沌的最后一个例子是我们在发展最前沿技术时才发现的：量子混沌及其在电子设备中扮演的角色。

建模

作为一种重要的科学工具，建模涉及数学结构的构建，这些数学结构的运行规律与现实世界的现象相似。现在的模型通常是用计算机构建的，并且经常采用模拟的方法，从代表被研究群体的分布中进行随机取样。

量子混沌

人们经常说，在本世纪提出的所有理论中，量子理论是最愚蠢的。事实上，有人说量子理论唯一的优势就是它毫无疑问是正确的。

——加来道雄（1947— ）

1+1=3

现代世界离不开电子产品——无论是你包里的智能手机，还是确保超市里食物储备充足的电脑系统。我们认为电子产品的存在是理所当然的。然而电子设备完全依赖于量子物理学。尽管科学和数学的一些怪异方面对日常生活影响甚微，但依赖于随机性的量子物理学对我们生活的影响却一直存在。据估计，发达国家35%的国内生产总值（GDP）依赖于量子物理学。

正如我们所看到的，量子世界在很多方面都是混沌的反面。两者的核心似乎都是随机，但混沌实际上是确定性的，但不可能很好地预测，而量子效应是有概率的，这些概率可以非常精确地确定。一般来说，我们期望电子设备总是以同样的方式运行——然而事实上这是不可能的。量子粒子会（也确实会）做一些奇怪的事情。比如说，只有电流中有大量电子时，才能确保电脑不会告诉我们1+1=3。也就是说，在某些情况下，量子物理学和混沌结合在一起会产生令人惊讶的结果。

微小尺度的混沌

我们所熟悉的大多数混沌系统都是“宏观尺度”的，即我们可以看到并直接与之互动的尺度。然而，所有可见尺度上的力学最终都依赖于量子物理，在某些情况下，在量子过程中可以检测到混沌效应。

当原子中的电子能级发生变化时，所产生的光谱往往是研究最多的领域。当物质因热而发光时——想象一下锻炉中的一块金属从暗红色经过橙色、黄色，最后变成白色——此时金属原子中的电子在热的作用下被提升到更高的能级，但随后又下降到更低的能级。当每个电子下降到较低的能级时，它以光子的形式释放能量——一种光能的量子。但是，当一些原子中的电子的能量在电场中被提升到异常高水平（所谓的里德伯原子状态）时，光谱的产生变得混乱并且不可预测。

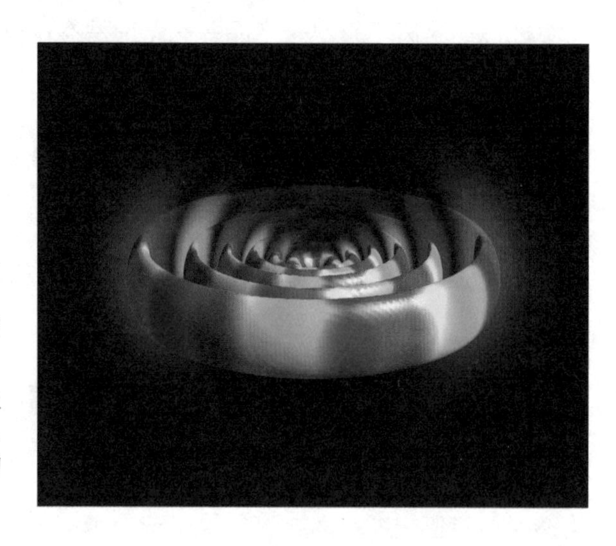

里德伯氢原子波函数的可视化

波函数描述了在一个位置上找到电子的概率。在这里，电子被加速到远高于平常的能量水平

这是因为电子的能量越高，它可能占据的能级就越接近。在高能级下，它们几乎是连续的，从而可能产生与“普通”物质相同的混沌结果。当电子穿过一系列原子时，也会发生混沌行为——它们和其中的原子相互作用，甚至暂时被捕获从而进入原子附近的电子轨道，但是电子被捕获的时间却是随机混乱的，因此电子脱离原子时的方向和路径也开始变得不同，这个过程就像混沌过程中“双分岔”一样。

量子混沌只在十分罕见的情况下会突然出现，所以不太可能会对你的智能手机产生影响。但在下一章中，我们将从更广的视角来理解混沌，它会产生一个非常不同寻常的结果：复杂性。

第七章

复杂性和突生

复杂系统

科学和艺术这两门学科都是研究有序的复杂性。

——兰斯洛特·怀特（1896—1972）

这不仅仅是简单的混沌

到目前为止，我们一直在考虑一个混沌系统，那就是不同组成部分之间的相互作用产生了极为复杂且不可预知的结果，而系统本身并不复杂。举个例子，譬如前面提到的摆钟或者三体问题。它们的组成部分非常简单，但系统的最终行为却复杂得令人惊讶。然而，混沌体现的是复杂系统的部分在没有总体控制下的结果，但系统各个部分相互作用后产生的结果往往出人意料。

我们已经看到了美丽的图案也可以是混沌系统的结果，譬如曼德勃罗集合图像。更广泛的复杂性则通常以突生的形式呈现，即组成部分间的相互作用产生了新的功能。有了突生，整体的功能就将远大于这些组成部分的功能的总和。这里我们可以看到系统功能的形成是在没有任何概述或指导的情况下完成的。就像负面混沌系统的情况，结果总是很难预测，因为仍然与初始条件细微变化存在着一定程度上的依赖关系。

有许多数学和科学的方法来定义复杂性。当事物发生变化时（正如大多数系统那样），系统的复杂性可以被看作是描述所有可能结果所需的细节量。如果我们认为系统并不复杂，例如一个在引力影响下被扔出去的球（或者是在多种力的作用下，一种引力占绝对优势，其他力可忽略，比如在地球上扔出去的球），在忽略空气阻力的情况下，我们可以使用一个非常简单的公式，精确预测球将如何运动，并且预测它在未来的位置。但是对于一个复杂的系统，系统的各个组成部分之间的交互会产生很多潜在的结果，如果没有大量的信息，就很难描述出所有的结果。

自组织图案系统

这些由细流在退潮时冲刷海滩留下的印记是分形自组织结构

现实世界中许多的复杂系统的一个重要特征是它们是自组织的。

自组织系统

自组织是复杂系统的典型行为，它听起来很复杂，但实际上在没有任何外部指导或干涉的情况下，它可以由非常简单的因素驱动。

一个简单的例子是，如果你让热水从一块覆有均匀蜡层的倾斜木板上流下来。一开始，热水会随机地从这里流向那里，而不会在表面上形成特别图案，但要不了多久，由于蜡表面的微小变化，蜡层的某些地方会优先熔化。一旦蜡层上开始形成沟壑，它们便会自我强化。顺着沟壑流的热水越多，沟壑就会变得越深，导水的能力就越强。这样，图案会自己在蜡的表层构建。由于蜡层被冲刷得凹凸不平，这个图案才得以形成，但这一开始并没有被设计，而且也不可能预测沟壑会怎样突生出来，或者说不可能两次重复出现完全相同的图案。类似的情况也发生在海岸线上，那里也有细流在沙子上形成的自组织构架。

黏菌

尽管黏菌是单细胞生物，没有神经系统或外部结构，但它的行为却能像一些复杂的植物

另一个例子来自俗称黏菌的迷人生物体。这些都是单细胞生物，而且这些生物大部分时间都以一种孤立的方式飘浮着，个体细胞之间没有互动。然而，当没有太多的食物可用时，这些单细胞开始相互连接，形成一个突生结构，一个具有多细胞外观结构的有机体。黏菌复合体能产生非凡的图案效果，并且它们的移动好像是被指导的。但是这种复合性的有机体并没有大脑，也没有神经系统，因此这种构成并没有指导组织。因为这个系统是自组织形成的，所以它形成了这些引人注目的图案。

相类似但要复杂得多的事情也发生在大脑中（譬如你自己的大脑）。虽然有组织曾拟了一个大纲，“计划”用DNA来创造人，并且DNA将从外部进行修改，但这个蓝图没有说明大脑中的神经元是如何连接在一起的。神经元之间的连接被称为轴突，它们在被称为突触的结点上相互作用，这决定了你的一切——从你的记忆力到思考能力，是它们让你成为现在的你。然而，这个结构并非提前设计好的。你大脑的内部结构就是另一个复杂的自组织系统。事实上，人类大脑是目前已知的最复杂的系统。

这种复杂性，在一定程度上是因为在这个特殊的自组织系统中形成的连接的绝对数量。我们通常认为你的大脑至少有100万亿个突触，甚至可能多达1 000万亿。这也反映了这种关联性的力量。当你增加目标对象的组成部分的数量时，将它们连接在一起的方式也飞速增加。例如，10个物体可以以45种不同的方式连接起来；100个物体则有4 950种方法；1 000物体则有49.95万种方法；而当我们增加到100万个物体时，则有499 999 500 000种方法。那么想象一下，作为人类你有大约1 000亿个神经元，那么这些神经元相互连接的方式有多少种呢?

就像前面描述的热水在蜡层上流动形成沟壑的模式一样，随着时间的推移，你大脑中的神经路径也会动态形成，一旦连接很好地建立，它更有可能被重复使用，这种使用的结果就使它变得更厚，更容易获取。然而，与蜡不同的是，这个过程是可逆的。神经路径在被频繁使用后也会出现增厚现象，未被充分利用的路径变得越来越薄，而且越来越难被利用，尤其是当一个人处于持续压力下的时候。这就是为什么创意似乎很难在持续的压力下实现：我们会回到常走的道路上。

这种自组织方式的最后一个例子是局部生态。在一个特定的地区，不同的动植物和物理环境形成了一个复杂的系统；同样，它一般不会为外部力量所操控，也是通过组成部分之间的相互作用形成自组织模式。这就是为什么很难预测引进新物种到某一地区后的结果。例如，想想外来兔子的引入给澳大利亚造成的混沌(字面上和数学意义上的混沌)。所以，为了阻挡这种侵略性和破坏性极强的外来物种进入昆士兰，澳大利亚建设了330英里（530千米）的防兔栅栏，并利用多发性黏液瘤疾病对兔子进行了生物控制。

混沌有利于自组织模式

看起来，这种无方向的自组织能力似乎是混沌的对立面，但在现实中，自组织通常从混沌中产生。在我们的第一个简单的场景中，当热水被倒在一个覆有蜡层的斜板上时，水流的初始运动是混乱的。这似乎说明了混沌的不可预测性是自组织现象突生所必需的条件。

白质架构

扩散磁共振显示，复杂的自组织结构支持大脑中的灰质神经元并与之相互作用

一个引人注目的从混沌中突生的例子是人们熟悉的木星照片——木星大红斑。乍一看，把这个红色的斑点称为“大”似乎有点夸张——它只是这个气态巨行星表面气体中相对微不足道的一部分。但人们很容易忘记木星的规模，它看起来更像是一颗失败的小恒星而不是一颗大行星。大红斑可以很轻易地容纳地球。但真正奇怪的问题是那个红斑已经存在了几百年。为什么奇怪？因为我们看到的木星“表面”并不是固体。其实木星是一颗气态巨行星。表观上木星是构成木星的气体混沌运动的搅动混合体。

当时的假设是，木星的红斑是由这些气体形成的风暴，类似于行星大小的飓风。但如果是这样的话，这个红色斑点怎么可能持续了这么久呢？暴风雨的本性是有来有去的。在地球上，它们很少会持续几天以上，更别提持续几百年了；即使将风暴的规模扩大到木星那么大的规模也不会将其寿命延长到几个世纪。

随着混沌理论的发展，我们才意识到大红斑不是飓风，而是表面的混沌运动，形成了相对平静的自组织岛状结构。就像木星大红斑一样，另一个流体流动可以产生长期相对稳定的模型就是我们地球上的大气和海洋系统。它不像飓风，但更接近大气科学中的急流，或墨西哥湾流这样的水“输送”系统，可能每年在强度和确切的位置上不一样，但流体在可预测的方向上长期一致运动。

大红斑是一个自组织的稳定区域，从周围元素相互作用的混沌中突生而成。这种自组织现象只是更广泛的突生现象中的一小部分，通常与复杂的系统共生。

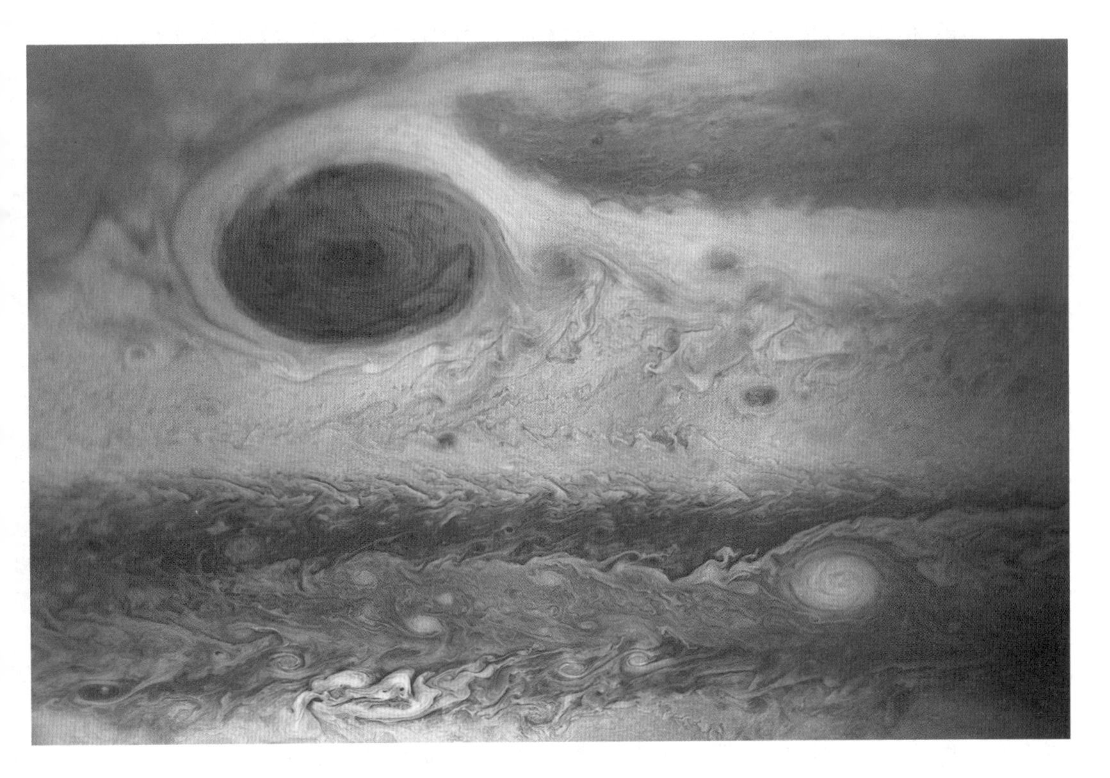

木星大红斑

木星上比地球还大的自组织稳定区域

突生

宇宙的大部分都不需要任何解释。例如，大象。一旦分子学会了竞争，并开始以自己的形象创造其他分子，大象和类似大象的东西，在适当的时候就会被发现在乡野里四处游荡。

——彼得·阿特金斯（1940— ）

统计里的突生

尽管这不是学校里通常会教的概念，“突生”是复杂系统中组成部分相互作用的产物。也许我们日常生活最接近科学的时候就是统计力学，可以用它来描述气体的行为。

你可能还记得科学课上的一些“气体定律”，其中三个基本的气体参数就是：体积、温度和压力。比如说，波义耳定律告诉我们气体的压强与它的体积成反比（随着体积减小，压力增加），而查理斯定律告诉我们气体的体积与它的温度成正比。

然而，一定体积的气体在自发的随机相互作用中，大量的气体分子都以不同的速度向不同方向运动，不断地碰撞其他气体分子和容器的侧壁。常规的、可预测的气体定律就是从这些混沌运动中大量突生的。在这里，突生是统计上的。我们可以通过观察分子速度和气体密度的分布来计算结果。但大多数突生比这更复杂。举个例子，生命本身就是最不寻常的突生。

大于部分之和

想象一下你自己。你是一个活生生的、有意识的人。你完全是由原子组成的，其总数大约是7×10^{27}。你的身体里除了这些原子没有其他东西了。这些原子既没有活着也没有意识。生命和意识都是你这个系统的突生属性。

突生，正如彼得·阿特金斯总结的那样，意味着整体大于部分之和。生命并不仅仅是原子或细胞的集合。这并不神秘，而只是一个简单的物理事实。作为一个人，你身体里的原子（或细胞）需要在一个极其复杂的系统中相互作用，而在这些互动中突生了新的东西，它比单个细胞或原子的集合要强大得多。

生命有机体是极其复杂的事物，但即使在一个简单的层面上，复杂的结构也可能从系统相邻分量之间的相互作用突生出来。比如，想想那些美丽的雪花有着怎样的复杂形状。这些精致的六角结构是多变的，但都是由简单的几个因素在混沌中突生形成。

一个水分子由一个氧原子和两个氢原子组成；在每个分子中，氢原子之间的夹角约为104.5度。

水分子的形状和水分子冷却时连接在一起的化学键意味着水会自然地形成六角晶格晶体，当这些分子尺度的晶体生长时，这种六角晶格会延展生长形成我们非常熟悉的六棱雪花图案。

雪花的非凡结构是由瑞典神职人员奥劳斯·马格努斯于1555年最先发现的，但直到17世纪早期，借助显微镜的观察，雪花各种各样的形状才被逐渐明确。即使在那时，雪花的美丽并没有被大众欣赏，直到1885年美国业余摄影爱好者威尔逊·本特利用早期的摄影技术拍摄雪花，大家才逐渐开始发掘雪花无与伦比的美丽。

1931年，本特利在他生命的尽头，写了一本显微镜下雪花照片的书。这本经典的著作，名为《雪晶》，收录了2 300张令人印象深刻的照片。基于他一生的工作，本特利第一个得出结论："世界上没有两片完全相同的雪花。"这个想法最初是没有科学基础的，因为很容易就能找到看起来相同的一些形状简单的雪花薄片。但他说的确实是事实，雪花的形态多得让人难以置信。

雪花

威尔逊·本特利1931年的著作《雪晶》描绘了许多雪花的形状

传统精致的有六个不同的棱（被称为“树突”，意思是像树一样）的雪花在极低温中开始生长；当气温变高，空气温度低于冰点不太多的时候，雪花就会形成更简单的六边片状晶体。雪花形状独特，是因为它们的生长是由混沌支配的。它们是固态的、有着数学形态的混沌分形物体。

鱼群和鸟群

像雪花这样的复杂结构是从水分子与水分子之间的相互作用中突生形成的，也有很多突生结构是从鱼群和鸟群产生的。每只动物都会对群里的其他成员做出反应。虽然没有全局的操控，但局部交互作用产生了显著的突生模式，整体变得像单个生命体一样移动和跳动。

复杂形状在完全缺乏协调的情况下得以发展是典型的突生行为。鱼群中的每一条鱼或者鸟群中的每一只鸟只是对它附近的动物做出相应的反应。通常，三个因素决定鱼群或鸟群的行为。每一个因素都很简单，但这些“规则”引导着群体里所有个体的运动。蜿蜒流动的鱼群或迅速旋转的鸟群，就好像它们是一个单一的、复杂的统一体一样行动。群体中的个体通常只会与它附近的少数个体互动——以欧椋鸟为例，通常只与其他七只鸟互动。

第一，是保持分离。群体成员不想冒险碰撞，如果它们和附近的其他个体离得太近，就会像带电粒子一样相互排斥。第二，假设碰撞已经避免了，群体成员会根据身边个体的行为来调整方向。它们朝着身边个体表现的总体方向，大致上遵循身边个体的相似的路径。第三，它们会慢慢朝它的两个邻居之间的中点移动，这使得它们能够应对方向的快速变化。这些规则可能存在着微妙的变化，但正是这种令人惊奇的简单机制，使整个群体突生得像具有了生命一样。

沙丘和生命游戏

一个比鸟群更简单的移动突生结构就是沙丘。沙子不能决定沙丘的形状，而沙丘是由混沌和风相互作用产生。但随着沙丘的形成，会出现一个点，沙子开始从背后向沙丘的前部流动，从而移动整个结构。

得益于鸟群和沙丘的机制，更复杂的进程可在计算机化的环境中实现，这就是“生命游戏”。尽管它的目的是反映现实世界，但是生命游戏里的混沌和复杂性都基于计算机模型。

1970年，英国数学家约翰·康威发现了生命由一些简单的规则组成，最终突生出复杂的行为。一块空间被分成若干大小相等的单元，其中一些单元标记上了颜色。游戏所需要的是一套简单的规则来观察突生。着色的单元被认为是活细胞，未着色的单元被视为死细胞。游戏的规则是，如果与活细胞直接相邻的活细胞数量少于两个或多于三个，活细胞会死亡；如果与活细胞直接相邻的活细胞是两个或者三个，则活细胞会保持活着；如果死细胞与三个活细胞相邻，死细胞会变成活细胞。

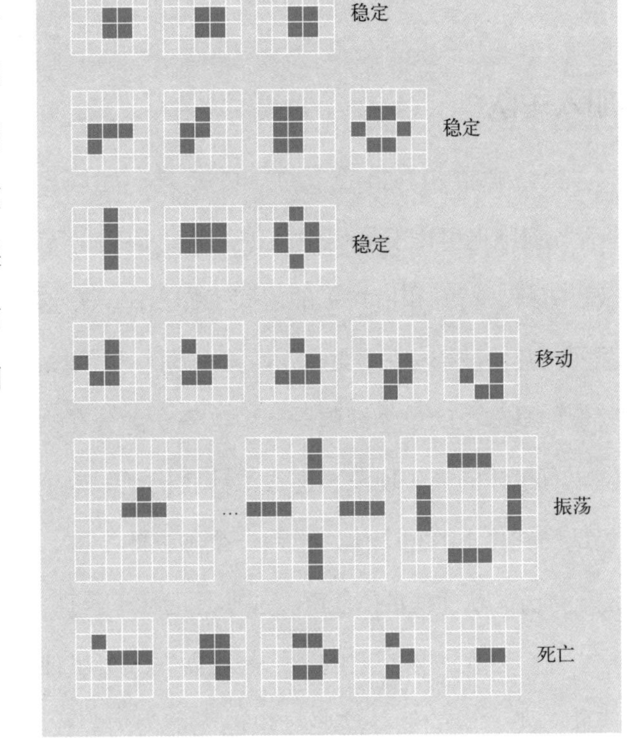

简单的生命游戏模式

生命游戏中的细胞集合，可以出现一系列结果，模式变得稳定，在不同形式之间振荡、移动或消失

根据这些简单的规则，细胞网格的状态会随着时间向前而发展变化，反复将这些规则应用于起始状态下的细胞。有些情况下细胞会完全死亡。有些情况则会四处移动或振荡。其他则会产生新的活细胞群体，并在网格中移动。惊人的复杂性行为产生于极其简单的规则。“生命游戏”中的一些结构看起来很不可思议，仿佛它们是被有意创造的，但是当一群活着的有机体变得多于它们的部分之和时，更高层次的复杂性就突生出来。

超个体

经过一天在超过一个足球场大小的茂密森林里突袭和破坏各种可食用的生命，蚂蚁建造了它们的夜间庇护所——一个由工蚁身体相连形成的锁子甲球，用以保护幼虫，还有巢穴中心的蚁后。当黎明来临时，球体立刻变化为一只只蚂蚁再次出征捕食。

——梅拉妮·米歇尔（1969—　）

加入军队

虽然鱼群和鸟群会以奇妙的方式一起同步行动，“生命游戏”中的“活”细胞也可以发展出惊人的结构，但它们无法与其他一些物种（如蚂蚁、蜜蜂、黄蜂和白蚁）的协同工作相比。在这里，个体之间的互动非常强烈，它们被统称为“超个体”——每一只昆虫都可以说是不完整的个体，就像你身体里的单个细胞一样。当各个部分在物理上连接在一起，很容易发生有机体的突生现象，但很难让我们理解单个蚂蚁、蜜蜂、黄蜂或者白蚁是一种真正的超个体，不是一个独立的个体，而是更大整体中不可分割的一部分，从而使群体能够完成非凡的壮举。

一个令人印象深刻的例子是巴西军蚁。单独行动或者数量少的话，即使面对不太难的任务这些昆虫也无能为力。找几只蚂蚁，把它们排成一圈，它们就会跟着彼此以死亡循环的模式行进直到崩溃。但如果数量足够多，它们就不一样了。正如计算机科学家梅拉妮·米歇尔生动描述的那样，这些蚂蚁用它们自己的身体造出了巢穴。当它们需要跨越一个蚁群规模大小的峡谷时，比起绕远路，它们更愿意用它们相连的身体搭起一座桥，让蚁群得以越过障碍，继续前进。

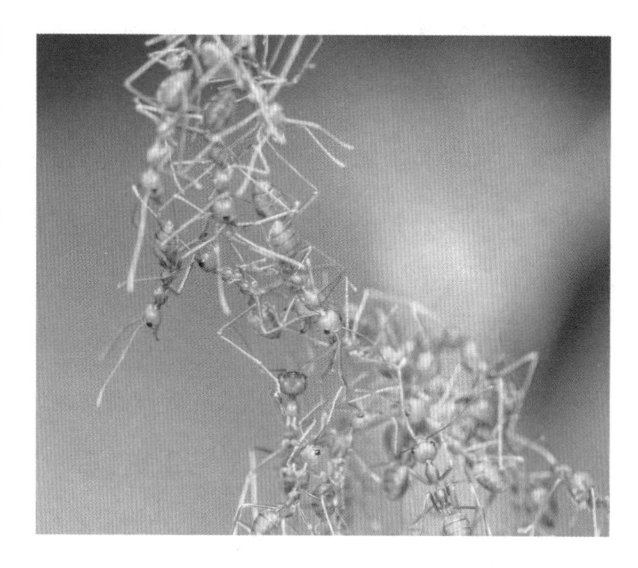

活蚁桥

巴西军蚁用自己的身体建造了一座桥来穿越一个微型峡谷

在一个常规生物体中，通常拥有大脑和神经系统来发送信号和控制动作。这些信号通过电化学形式传递。对于超个体来说，信息通常是通过有香味的化学物质在昆虫之间进行化学传递，这种物质被称为信息素，或通过一些专业机制，就像蜜蜂的摇摆舞一样。在一个超个体中，根本就没有中枢大脑——任何智慧和能力都是分布式的，就像一些计算系统有一个分布式的网络，将负载分担给多个小型处理器。

电化学

在物理和化学中，我们习惯了电和化学系统大多情况是分开的，但在生物学中，许多机制是电化学的，由流体和膜中的带电粒子流控制或提供动力。

蜜蜂的嗡嗡声

蚂蚁、白蚁和黄蜂是最著名的超个体（尽管每一种都有很多细分种类不具备这样的行为)。也有一些虾和哺乳动物具备这样的群体行为(接下来会讲到)。最典型的超个体是由蜜蜂组成的。显然，当一个蜂群的一部分形成一个小蜂群时，它的行为似乎是一个单一的个体。

小蜂群的目的是使超个体得以复制。小蜂群正从原始群体中分离出来，建立一个新的群体。而小蜂群的形成更是强调了单个蜜蜂的组成部分的性质。新群体将由一群侦察蜂和蜂后(蜂群的核心)构成——当前的蜂后在“减肥”后，体型变小带着缩小的蜂群，或者是一个新的蜂后带着新的蜂群。

蜂群的大小和结构千差万别，但是在我们最熟悉的蜜蜂中，雄蜂的职责是使蜂后的卵受精，雌性工蜂负责收集食物，建造巢穴，保卫蜂群。雄蜂为数不多的次要角色之一就是与工蜂一起帮助巢穴保持在合适的温度，一般会通过震颤来加热，或者用它们的翅膀来流通空气，给蜂巢降温。

再一次记住，蜜蜂个体的简单性，和它们的集体行为(群居行为)表明超个体这个标签并不仅仅只是一个比喻。整个蜂群是一个有机体，只是它的组成部分在物理上是分开的。一个蜂后更像是一个器官，而个体工蜂则扮演着介于器官和细胞之间的角色，它们以非常低的个体智慧合作着，但是集体上却能够构建出复杂的结构，维护和保护蜂巢，找到并收集食物。

这并不是说超个体的突生比单个哺乳动物更激进。来自哺乳动物的复杂突生远不止这些。每一个超个体的成就都难以不让人惊叹。如果蜜蜂的突生行为让我们始料未及，那和我们一样的哺乳动物成为超个体时就更引人注目了。

非凡的鼹鼠

我们大多数人多多少少都熟悉社会性昆虫的分工协作，它们会表现出群体行为，并且建造出了不起的结构。但这不是我们通常认为的哺乳动物所具备的属性。显然，许多哺乳动物也存在着合作行为。而将合作发挥到极致的则是人类，人类可以非常好地通过社会合作改变环境。然而，我们人类实现任何个人都无法单独完成的成果是通过意识层面的沟通与互动。即使作为一个团队行动时，我们也不是超个体的组成部分，更不具备社会性昆虫的能力。但是有一种哺乳动物确实形成了超个体。单单看一眼这种动物就足以知道它们是不寻常的——但外表往往具有欺骗性：裸鼹鼠所展现的远远超过了其名字所揭示的外在特征的总和。

老实说，裸鼹鼠的样子看起来很奇怪，就像一种发生奇怪变异的动物的3D成像。这是一种来自东非的啮齿动物，群居在地下洞穴。这种动物有很多不寻常的特征——因为隧道里的氧气含量非常低，而且它没有正常哺乳动物的调节体温的能力。它的皮肤感觉不到疼痛，而且有惊人的抗癌能力。但从本书的观点来看，它的特别之处是它们能形成超个体。

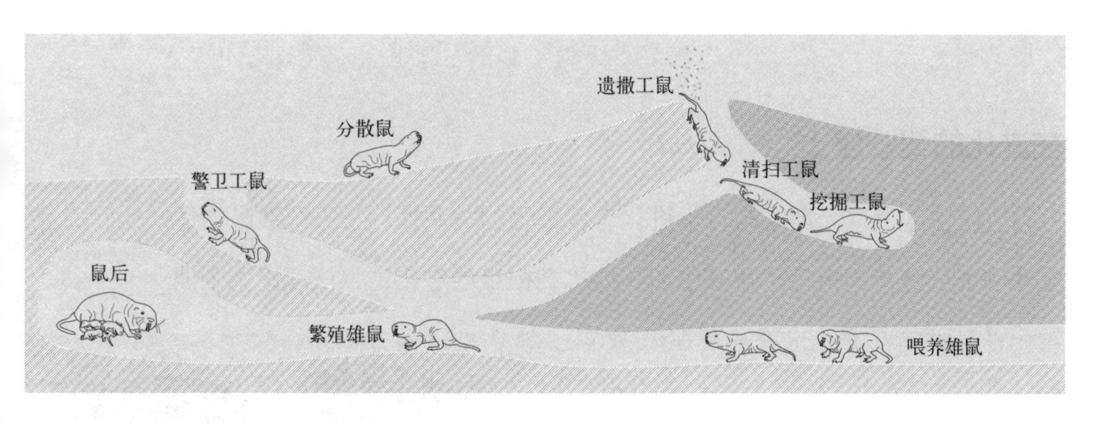

裸鼹鼠群体

大部分鼹鼠一生都在地下过着群居生活，并且受有繁殖能力的鼠后统治

最明显的特征是一个群体有一个鼠后、一些雄性，其余成员是没有繁殖能力的工鼠。工鼠雌雄都有，但雌工鼠的生殖器官没有充分发育。虽然鼠后不像非哺乳动物的蚁后、蜂后一样体型超大，但它仍然明显比非性活跃的雌工鼠们要大。

工鼠有明确的社会分工，例如，建造和维护隧道的工鼠，守卫家园的警卫员。甚至还有被称为分散鼠的雄性鼹鼠，由于身体里储存的大量脂肪，它们能够离开鼠群去另一个鼹鼠群交配，而这会减少通常发生在封闭的群体中的近亲繁殖。不像同样群居的昆虫，裸鼹鼠以根茎为食，终日生活在地下，无论如何它们也不会离开这些隧道。

虽然它们的长相丑陋但却又令人着迷，裸鼹鼠的例子揭示了复杂性的本质，正是这一性质造就了我们星球上丰富的生命组合：适应性。

适应性

在博物学著作中，我们不断发现动物对食物、地理位置和习惯非凡适应的细节。

——阿尔弗雷德·拉塞尔·华莱士（1823—1913）

在进化的驾驶座上

适应性这个概念通常与科学进化有着极强的关联性。第一个清晰的适应性例证就是英国自然学家查尔斯·达尔文提出的进化论，该理论源于他对一种鸟类的观察，也就是现在广为人知的达尔文雀。

这是一组在厄瓜多尔海岸外的加拉帕戈斯群岛发现的雀科鸟类。虽然这些

1.Geospiza magnirostris. 2.Geospiza fortis.
3.Geospiza parvula. 4.Gerthidea olivacea.

达尔文雀

达尔文在加拉帕戈斯群岛上观察到的不同雀喙的插图，摘自他1873年的《研究杂志》

鸟类有着很近的亲缘关系，但不同的变种有形状明显不同的喙。这样的观察导致一种观点，即生物通过自然选择一代代适应它们的环境。遗传变异（达尔文没有意识到这一点）意味着一些后代会更好地适应环境。这些个体则更有可能存活下来并进行繁殖，保留更多更好的变种来适应它们的环境。随着时间的推移，物种变得具备环境适应性。

达尔文并没有直接观察到适应性的发生，但是在40年的时间里，驻留在美国的英国生物学家彼得·格兰特和罗斯玛丽·格兰特夫妇多次拜访加拉帕戈斯群岛的达芙妮·梅杰，并记录雀类的数据。

在这里，他们发现了适应行为的清晰例子。例如，当1977年岛上遭受干旱时，鸟类用更大的喙能更好地劈开又大又硬的种子。结果，在之后的几年大喙鸟比其他鸟多了许多。然而，几年后，暴雨创造了更适合软小种子茁壮成长的环境，从而直接增加了小喙鸟的数量，鸟类在适应不断变化的环境。

尽管进化适应性对生物学的发展非常重要，但只是自适应系统的极小部分的一个缩影。

适应的方法

适应性的发生，需要一个复杂的系统对环境或系统部分的变化做出反应。这样的反应经常是以我们之前提到的反馈循环方式存在，那么这就需要某种类型的记忆，以一种媒介的形式记录成功或失败的信息。（在进化的情况下，记忆储存在特定的DNA遗传密码中，从而产生最适应环境的遗传特征。）

最简单的自适应系统可能就是我们所见过的调速器。调速器对系统进行改变（例如让蒸汽从蒸汽发动机中逸出），直至达到一种平衡状态。

简单的自适应系统可以被描述为“自我调节”。在一个自我调节的系统中，不需要逐步根据反馈的结果逐步调节，系统对过去发生的事情和行为有记忆，从而产生相应的行动。这个系统中特别有趣的是它能够进入混沌态，就像自我调节系统会经历一个过程叫作“混沌边缘的适应”。实际上，系统是逐渐走在秩序与混沌的边界上，却永远不会跨越。

可以说，我们所知道的最有效的适应系统就是最神奇的突生：生命。

生命的突生

生命最广泛、最完整的定义是——从内部关系到外部关系的不断调整。

——赫伯特·斯宾塞（1820—1903）

生命是什么？

给生命下定义是非常困难的。总的来说，它就是“我一看到就知道它是什么”之类的话，但却很难直观描述。比如说，一个人、一只蜗牛和一朵花都是活的，但石头不是。生物学家们倾向于避免这个问题，而是列出这些东西的生命属性，如运动、营养和繁殖。但是关于生命，有一种很清楚的特殊属性，那就是生命都是从一些复杂的系统中突生，并能适应于这个系统。

我们知道一个有生命的东西是由一系列原子构成，其他什么都没有，也没有任何神奇的额外成分。然而，没有人会认为单个原子组成的东西就是活着的生命。在原子和生命体之间是由许多结构组成的，譬如说分子。这里再强调一遍，单个分子是没有生命的——即使是无限复杂的组成染色体的分子也是没有生命的。原子和分子一起组成了细胞。那么这一次我们处在了一个灰色地带，下面我们将讨论这个灰色地带。

你可以争论细胞是否活着。它们肯定表现出生命的某些行为——除非是单细胞生物（单细胞生物比复杂的有机体如动物和植物要多得多），否则一个细胞自己通常活不了多久。它需要与周围的其他细胞进行复杂的互动。最终，通过细胞中分子间的反应以及复杂有机体细胞间的相互作用，生命出现了。

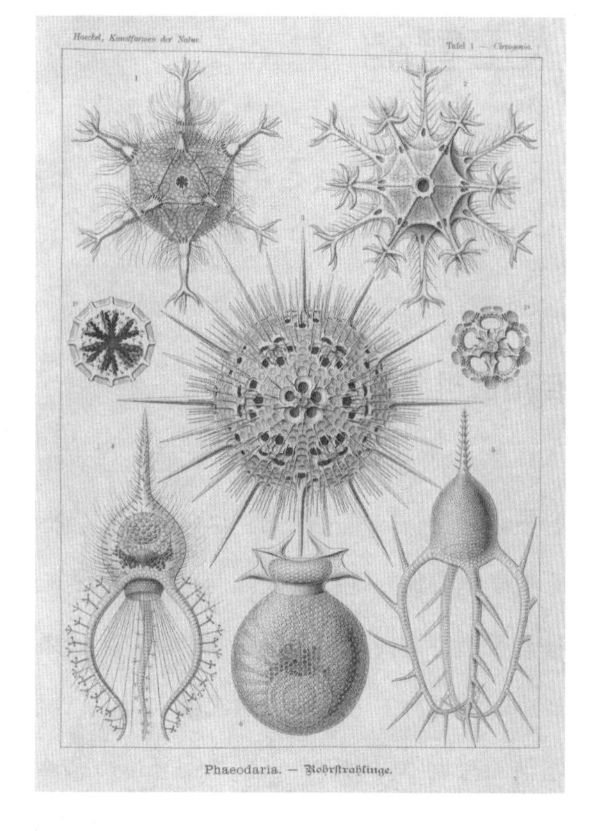

单细胞生物

选自恩斯特·海克尔1904年出版的《自然界的艺术形式》中的一种稀孔虫目

判定生命的另一种方式是它一定有一个系统，且这个系统与周围环境不平衡并保持这种状态。上面引用的赫伯特·斯宾塞的话暗示了这一点。正常情况下，自然系统与它的环境会保持平衡。能量在系统和环境间传递，直到达到平衡。想象一盘热的食物放置在那里，最终它会和周围的物体变成同样的温度。但有生命的东西却永远与周围环境保持不平衡的状态。它们吸收能量，利用能量制造复杂的结构。当它们增加自身系统中的秩序时，它们会散发热量，从而逐渐让周围的世界变得一片混乱。

在这样的系统观点中，生命既是突生又是适应的。生命也许就是终极的复杂系统。但是有些人认为我们有能力构建至少有一些复杂性的东西，并且它能突生出生命有机体才有的特征。

人工智能

人工智能的提出是基于一种假设，即思维可以被描述成某种可以操作代表世界上事物的符号的系统。

——乔治·约翰逊（1952—　）

自适应机器人

毫无疑问，即使没有任何产物可以真正被认为具有智能，我们的一些科技也是具备自适应性的。这是一种相当标准的机器人技术。例如，相较于明确地告诉扫地机器人如何有效地清洁一个房间，它通常会被允许随机移动来进行清扫。这是没有效率的，但如果不考虑时间问题，这的确也是一个完美可行的方法。当然机器人可能已经存在一定程度的反馈，例如当清洁器接近障碍物时，它会收到来自传感器的反馈并因此改变自己的速度和方向。然而，它还可能有更多的反馈及优化机制。

在没有房间平面图的情况下，机器人可以很容易地随意移动，但随着移动，它可以逐渐构建出一张障碍物的分布图。因此，它可以改进路线以提高效率，并确保它在电池电量耗尽前能够返回充电点。这样一个扫地机器人其实正在根据环境来调整其路线。它不是事先被告知要去哪里，而是通过互动、反馈和记忆逐渐适应环境，所以它不需要继续重复同样的错误。

这种方法的一个更复杂的版本被普遍用于我们已经见过的人工智能之中，它就是机器学习。在机器学习的过程中，系统没有被告知环境的“规则”，它必须自行去学习和适应这些“规则”。它可以做想做的事情，并根据它所采取的行动被认为是好的还是坏的来获得分数。随着时间的推移，系统会从这个过程中学习并生成一种新的策略。我们已经看到这一技术应用到图像识别之中，并发现了在使其有效工作过程中遇到的潜在问题。

在另一个例子中，机器学习系统学会了在不知道游戏规则的情况下非常出色地玩一些游戏。同样地，它们会反复玩一个游戏，刚开始它们会采取随机行动，但通过对做出正确操作所获得的“奖励”做出反应，它们逐渐学会了如何玩得更好。在玩经典电脑游戏《突破》(Breakout)时，一个机器学习AI发现了一个聪明的技巧，即通过将球置于游戏中需要炸掉的大部分砖块的上方来获得高分，因为这样球就会卡在砖块上方并在不需要玩家采取任何行动的情况下反复撞击砖块。

然而，应该强调的是，有些人给这种机器学习的方式贴上了“人工非智能”的标签，因为机器学习系统虽然确实能学会适应，但它并不“知道”自己在寻找什么。同样值得强调的是，人类通常可以在看到少量图像后学会识别新事物，而机器学习系统需要成千上万张图像才能以一种不太可靠的方式进行学习。因为它不知道自己在做什么，而我们更倾向于在事物之间有意识地建立联系。

意识

哲学家们一直在争论意识到底是真实存在的，还是只是一种让我们认为“我们的思想与身体是分离的”的幻觉。而大多数科学家则认为意识是我们大脑复杂性的一种突生产物。

突生意识

目前还没有迹象表明人工智能系统是有意识的。然而，在科幻小说中有一个丰富的主题，那就是随着附加功能的增加，计算机网络可能会变得越来越复杂，最终达到有意识的状态(《终结者》系列电影就是个很不错例子)。这实际上就像期待一团藻类因为越来越多的细胞加入就变得有意识一样，但就事实而言，仅是大量基本元素的堆砌是不够的，还需要有特定结构的支撑，才能得到我们称之为意识的效果。

尽管制作一个能够突生出意识的合适的复杂系统是相当困难的，但一些计算机科学家仍然相信设计一种意识是有可能的。美国机器人学家霍德·利普森认为关键在于“自我模拟”，即机器有机体需要有一个与其身体行为相对应的精神模型，且这个精神模型需要与其身体动作有相互关联。他用一只机械臂可以完成没有经过训练的任务这一实例来证明了这个假设。

然而，许多人认为这种装置并不具有意识，它们只是在模拟意识。别的不说，一个有意识的有机体不仅能够在没有经过明确训练的情况下去做一件事情，比如捡起某样东西，而且需要明确的是这件事是它自己决定想要去做的，而不是被别人告知要这么做。有争议的是，这就意味着我们需要更多的足以做出突生反应的编程才能真正创造出具有意识甚至能够做到基本生活的AI。

阿尔法狗（AlphaGo）大师

世界围棋冠军柯洁与阿尔法狗AI系统对决的中途；阿尔法狗最终以3比0获胜

即便如此，生命仍然存在，我们仍旧是有意识的。这些特性出现的部分原因是生物在复杂系统中的不断适应。这真是太神奇了！

欢迎来到混沌和复杂的世界

如果我们的大脑简单得足以让我们理解它，那我们也就简单到无法理解它了。

——伊恩·斯图尔特（1945—　）

现实世界是复杂而混沌的

复杂的系统会导致混沌和突生，那是迷人的，同时也是奇怪的。但我们需要记住，它们不是特例；真实的世界中充满了这样的复杂系统。在现实中，复杂性才是常态，混沌常常随之而来。只有在科学研究经常选择的附加诸多限制的世界里，我们才能把复杂性放在一边，并忽略它，因为限制使复杂性极大程度地降低了。

尽管物理学家们仍然必须应对湍流、多体问题等复杂系统，但对他们来说，忽略复杂性的处理通常是可行的。而对于生物学家、经济学家、气象学家和其他将复杂系统视为理所当然的问题来研究的人来说，复杂性和混沌是不可避免的。

这也就是为什么我们很难对饮食建议进行良好的研究。为了规避复杂性，绕开混沌，科学家们试图做的事情就是尽可能地消除更多影响因素，这就是所谓“控制变量”的过程。所以如果你想找到摄入一种特定物质的影响，你需要一组尽可能控制其他变量的受试者，他们都需要尽可能生活在同样的环境中并以完全相同的方式进食；在这个基础之上，科学家们将改变他们感兴趣的一个影响因素。然而对科学家来说不幸的是(这对实验对象来说却是一种幸运)，当实验对象是人类时，这种方法几乎是不可能的。用果蝇或老鼠做实验是一回事，用一群人做实验却是另一回事。

所以，我们试图通过调整数据来尝试排除其他因素的影响，但这通常是不可能的。例如，我们经常听到“地中海饮食”对我们有好处。这是一种富含蔬菜、水果、豆类、谷类、鱼类和不饱和脂肪（如橄榄油）的饮食，肉类和奶制品的含量相对较低。我们完全不清楚的是，仅仅是和那些似乎从这种饮食习惯中受益的人吃同样的食物是否就足够了，或者是否还有许多其他的特殊因素也对他们的健康产生了影响：如气候、文化、生活在海边、锻炼等，这些都可能影响结果。

不可思议的大理石纹螯虾

更糟的是，我们无法回避对大理石纹螯虾的研究所带来的问题。这种虾是在德国发现的一种美国蓝螯虾的变种，它们是孤雌生殖的。这意味着它们是无性繁殖的：每只幼虾都是它母亲的克隆体。这种龙虾被认为是用于分析动物的发育在多大程度上由基因决定，又在多大程度上受环境影响的理想研究对象。

在一项实验中，一批大理石纹螯虾在看似相同的环境中长大。它们的饲养温度保持相同，光照条件保持一样，饲养用的食物量也完全相同，它们甚至是由同一个人照看的（所以它们的护理条件没有变化）。同时，因为它们都是母亲的克隆体，所以它们在基因遗传和生存环境两方面都应该是相同的。然而，它们在从寿命到社会交往的所有方面都截然不同。

克隆

克隆开始于对另一个生物体DNA的完全相同的拷贝。同卵双胞胎和孤雌生殖的结果是自然克隆，而克隆也可以通过在卵细胞中插入DNA由人工产生。

似乎实验者们的想法与现实发生了冲突，即由大理石纹螯虾及其生存环境所组成的复杂系统仍然不可避免地是一个混沌系统。我们努力地使各种条件保持一致，但初始条件的微小差异仍导致了结果的巨大差异。这些差异可能既来自遗传差异（由于DNA复制错误和损伤，克隆体间会有细微的差异）；也来自环境差异，环境中的微小差异也会对结果产生巨大的影响。

没有万能之计，我们只能理解

当混沌理论以及数学上的复杂性最初被发现时，人们认为这种新的认识将对我们处理复杂混沌世界的能力产生巨大的影响。但是实际上并没有。混沌在很大程度上仍然是无法被预测的。除了知道复杂系统具有突生能力之外，我们真的不知道关于复杂系统的任何事情了。但该理论所做的是让我们更容易理解和接受这种系统的行为方式，而且在可能的情况下，提前考虑到一些潜在的结果。例如，利用类似事物的集合经过统计预测来应对混沌的影响。

混沌和复杂性背后的理论帮助我们理解为什么我们周围的世界不像我们使用简单模型所描述的事件行为那样。当然，这是一件伟大的事情。

超级单体风暴

运动的混沌：美国堪萨斯州出现的“超级单体”风暴结构